Schafe

Lutz Schiering

Schafe

Freundliche Weidetiere

© KOMET Verlag GmbH, Köln
Alle Rechte vorbehalten
Coverabbildung: © mauritius images / Marc Gilsdorf
Gesamtherstellung: KOMET Verlag GmbH, Köln

ISBN 978-3-89836-981-7

www.komet-verlag.de

Inhalt

Vorwort

oder Warum wir gerne Schäfchen zählen

Der Mensch ist entzückt, entdeckt er eine Herde Schafe. Ist gar noch ein Schäfer dabei, ist der Fotoapparat in der Regel nicht weit. Doch nicht nur das, das Schaf wird am Schlüsselbund durch die Welt getragen, als Wärmflasche auf den Bauch gelegt und in Holz aufs Fensterbrett gesetzt. Hat Mensch genug Platz, wird das Schaf auch gern mal in den Garten gestellt. Das passiert einer Kuh eher selten.

Gründe für die Begeisterung gibt es mehrere: So schön wollig und friedlich sieht es aus, das Schaf. Zufrieden auch, wie der Betrachter, braucht er doch kein schlechtes Gewissen zu haben, weil das Tier in

Neben den sprichwörtlichen scharzen gibt es nicht nur weiße, sondern auch rote und braune Schafe. Wichtig: Auch ein schwarzes Schaf fühlt sich allein nicht wohl. Schafe sind Herdentiere!

Intensivhaltung als bloßer Fleischlieferant vor sich hin vegetiert. Von solchen Gedanken ungetrübt, darf man das Schaf betrachten, wie es in ländlichen Gebieten munter weidet, wie es Landschaftsschutzgebiete pflegt, Deiche festtritt und gekonnt die Berge hinaufklettert, nicht selten in den Regionen, in denen man selbst schon einmal gern Urlaub macht.

Bei aller Schafsliebe sind heute nicht wenige Rassen vom Aussterben bedroht. Dass sich dennoch viele Landrassen erhalten haben, liegt vor allem an dem Engagement von Einzelpersonen, Vereinen oder Institutionen, die sich die Artenvielfalt auf ihre Fahnen geschrieben haben. Den wilden Schafen droht von anderer Seite Gefahr. Als beliebtes Jagdwild sind sie in ihrem Bestand mehr oder weniger dezimiert – nicht nur die Riesenwaldschafe sind in vielen Regionen bereits ausgerottet und werden als gefährdet eingestuft.

Lassen Sie uns in diesem Buch ein wenig genauer hinschauen, auf das Schaf und seine große Familie, seine Vorfahren und wilden Verwandten, seine große Bedeutung in früheren Zeiten und die kulturgeschichtlichen Zusammenhänge, die von alters her überbracht unsere Vorstellungen von dem „lammfrommen" Tier bestimmen.

Schafe sind freundliche, neugierige Tiere, die bei intensiver Beschäftigung mit ihnen regelrecht zutraulich werden. Das entdecken auch immer mehr Hobbyhalter. Wer Freude am Landleben und dazu ausreichend Platz hat und sich gern mit Tieren beschäftigt, für den sind Schafe eine gute Wahl. Wer allerdings im Schaf nur einen ökologischen Rasenmäher sieht, sollte sich darüber bewusst sein, dass Schafe zwar Nutztiere sind, die aber, was eine artgerechte Haltung angeht, auch Ansprüche haben.

Vom Wildschaf zum Hausschaf
oder *Wie das Schaf zum Menschen kam*

Eigentlich war es ja umgekehrt: Der Mensch kam zum Schaf, jedenfalls zeitlich betrachtet. Das Schaf war zuerst da – Wildschafe entwickelten sich schon vor etwa sieben Millionen Jahren. Bergige Regionen, die noch heute das bevorzugte Lebensgebiet der Wildschafe sind, waren auch die Heimat der Urahnen unserer heutigen Hausschafrassen.

Die ersten Schafe vermutet man in den Bergen Zentralasiens. Von hier breiteten sie sich in verschiedenen Typen westlich und ostwärts über Asien und Europa aus. Archäologische Funde beziehungsweise

Für solch unwegsames und karges Gelände wie hier im Himalaja sind auch die domestizierten Schafe noch bestens ausgestattet.

Nicht-Funde legen nahe, dass diese großen Argali-artigen Wildschafe aufgrund von Klimaveränderungen in Europa ausstarben. Im mittleren Pleistozän, etwa 500 000 v. Chr., hat dann offensichtlich eine Neubesiedlung mit kleineren – muffelartigen – Wildschafen in Europa eingesetzt. Doch mit den Wildschafen und Europa, das ging zu jener Zeit noch nicht gut. Bereits im Jungpleistozän, das vor etwa 127 000 Jahren begann – während der letzten Eiszeit also –, starben die Wildschafe in Europa wieder aus.

Die Wildschafe, die Europa im mittleren Pleistozän besiedelten, waren dem heutigen Mufflon wohl gar nicht so unähnlich.

Diese Tatsache ist für die Frage nach dem Ort ihrer ersten Domestizierung entscheidend. Anders als bei den Hausrindern, als deren Urahn lange Zeit fälschlicherweise der in Europa ansässige Auerochse angenommen wurde, konnten sich die Europäer die Domestizierung der Schafe nie auf ihre Fahnen schreiben: Wo kein Wildschaf, da kein Hausschaf. Die ersten Schafe wurden – wie im Übrigen die ersten Rinder auch – im Gebiet des sogenannten „Fruchtbaren Halbmondes" domestiziert.

Was die Schafe angeht, hatte die Wissenschaft jedoch mit anderen Schwierigkeiten zu kämpfen. Die große Vielfalt der Hausschafe, was Schwanzlänge, Färbung, Fetteinlagerungen etc. angeht, legt die Abstammung von verschiedenen Wildschafarten nahe. Je nachdem, ob es sich um haar- oder wollbetonte, um kurz- oder langschwänzige Rassen handelt, nahm man als Urahn den Mufflon oder den Urial an. Dies ist insofern naheliegend, als schon bei rein äußerlicher Betrachtung der in Europa lebenden Schafrassen auffällt, dass es zwei Erscheinungsbilder gibt: zum einen die vor allem im Norden vorkommenden, mittlerweile eher seltenen Kurzschwanzschafe, die eine auffällige Ähnlichkeit mit dem Mufflon zeigen, und zum anderen die heutzutage sehr viel häufigeren Langschwanzschafe.

Andere Wissenschaftler veranlasste die Vielfalt der Schafwelt zur Annahme zahlreicher ausgestorbener Urahnen, die sich jedoch nicht erhärten ließ. Wieder andere Forscher gaben dem Urial die ganze Verantwortung für das Schafgewimmel, konnte er doch als Jagdwild in frühneolithischen Siedlungen nachgewiesen werden.

Moderne wissenschaftliche Methoden wie DNA- oder Chromosomenuntersuchung schienen die Verwirrung zunächst nur zu vergrö-

Die verschiedenen Haus-
schafrassen unterschei-
den sich, beispielsweise
was Farbe und Fettein-
lagerungen angeht, so
stark voneinander, dass
man lange nicht an einen
gemeinsamen Vorfahren
glauben konnte.

ßern. Und die Schafe selbst haben es der Wissenschaft nicht leicht gemacht: Wild- und Hausschafe lassen sich miteinander und untereinander fröhlich kreuzen, sie sind da gar nicht wählerisch, geben in dieser Hinsicht keinerlei Anhaltspunkte bezüglich möglicher Abstammungslinien.

Nach dem derzeitigen Stand der Forschung ist davon auszugehen, dass alle Hausschafe vom Orientalischen Mufflon abstammen, wobei gewisse Beimischungen vom Argali nicht auszuschließen sind. Die phänotypische Vielfalt ist zum einen als Folge von Domestikation, klimatischer Anpassung und Züchtung zu verstehen. Zum anderen ist von mehreren Einwanderungswellen nach Europa auszugehen, in deren Verlauf die Schafe vom Mufflon-Typ in immer kargere Gebiete verdrängt wurden und den wolligeren Verwandten mit den langen Schwänzen das Terrain überlassen haben.

„Tatort" und „Opfer" sind damit bekannt – stellt sich noch die Frage nach Zeitpunkt und Hergang der Domestizierung. Und wie das so ist, wenn etwas schon so weit zurückliegt: Genau lässt es sich nicht sagen. Vieles spricht jedoch dafür, dass die Schafe um 9000 v. Chr. domestiziert wurden. Damit sind sie zusammen mit den Rindern und Ziegen, denen man einen geringfügigen Vorsprung einräumt, die ältesten Nutztiere des Menschen. Genügsam, fruchtbar und leicht zähmbar, steht den Schafen diese Vorreiterrolle wohl auch zu.

Zurück zum „Tatort": Mit „Fruchtbarer Halbmond" wird eine halbmondförmige Region im östlichen Mittelmeerraum bezeichnet, die heute in etwa Jordanien, die Türkei, den Irak und den Iran umfasst. Nach dem Ende der Eiszeiten herrschte hier ein fruchtbares Klima mit trockenen, warmen Sommern und reichlich Winterregen, das

Pflanzen und Wild gleichermaßen zuträglich war. Klima und Nahrungsmittelressourcen begünstigten zusammen mit sozialen und kulturellen Faktoren die frühesten Ansätze zur Sesshaftwerdung der Menschen. Eine Vorratshaltung für die trockenen Sommer setzte ein,

Das Soay-Schaf steht den Schafen der Jungsteinzeit noch sehr nahe.

der Anbau von Getreide brachte Sicherheit in der Versorgung. Vermutlich waren es Veränderungen in der Wildpopulation vor Ort, die den Impuls zur Haltung von Fleischlieferanten bei den Siedlungen beförderten. So vollzog sich ganz allmählich die – etwas irreführend – als „neolithische Revolution" bezeichnete Entwicklung zur sesshaften Lebensweise. Mit der Haltung von Ziegen und Schafen war das Haustier „erfunden".

All dies, die neuen Lebensformen und Gesellschaftsstrukturen, das Wissen um die landwirtschaftlichen Kreisläufe, die Nutzpflanzen und die Nutztiere, wurden ab etwa 6000 v. Chr. im Rahmen der Expansion jener sesshaften Kulturen nach Nordafrika und Europa exportiert. Anders als in Nord- und Mitteleuropa war die Schafhaltung zur

Im Steinschaf vermutet man einen Nachfahren des schon lange ausgestorbenen Torfschafs.

Fleischerzeugung in Süd- und Südosteuropa schon bald von zentraler Bedeutung und blieb es bis in die Bronzezeit hinein.

Das bekannteste unter den Schafen der europäischen Frühzeit ist mit Abstand das Torfschaf, was sicherlich damit zusammenhängt, dass man von ihm eine relativ deutliche Vorstellung hat. Ab etwa 5000 v. Chr. ist es in den jungsteinzeitlichen Pfahlbausiedlungen der Schweiz nachzuweisen. Beide Geschlechter des eher kleinen Schafs mit dünnen Beinen trugen ursprünglich kleine, ziegenartige Hörner, die sich bei den weiblichen Tieren, den Auen, im Laufe der Domestikationsgeschichte allerdings verloren zu haben scheinen. Der von vielen vermutetete lange Schwanz lässt sich nicht eindeutig belegen. Im Bündner Oberländer Schaf und im Steinschaf vermutet man Nachfahren des zierlichen Torfschafs.

In Nordwesteuropa trat ein Schaftyp auf, der dem Mufflon besonders ähnlich sah. Insgesamt waren die frühen Hausschafe von kleinem und schlankem Wuchs, hatten einen hohen Haaranteil und kleine, aufrechte Ohren. Um 3000 v. Chr. erreichte Europa dann eine wollige Einwanderungswelle: Größere Schafe kamen nach Europa, bei denen der Wollanteil deutlich höher war. Vermutlich gelangten die Wollschafe von Vorderasien über Griechenland nach Mitteleuropa und Südskandinavien.

Bemerkenswert ist, wie früh durch Selektion und Züchtung unterschiedliche Schafrassen entstanden: Bereits um 3000 v. Chr. gab es an verschiedenen Orten unterschiedliche Typen von Schafen wie Haar-, Woll- und Fettschwanztypen, und bereits um 2000 v. Chr. unterschied man in Mesopotamien fünf Hauptrassen. Obwohl sich die verschiedenen Schafrassen äußerlich sehr stark voneinander unterscheiden, lassen sich im Vergleich zu ihren wilden Vorfahren doch gewisse Merkmale feststellen, die sich im Laufe zunehmender Domestizierung ganz allgemein veränderten: Die Ohren wurden län-

Im Vergleich zu dem Wollknäuel auf der gegenüberliegenden Seite ist es besonders offensichtlich: Das hübsch gezeichnete Kamerunschaf gehört zu den Haarschafen.

ger, teils sogar zu Hängeohren, der Schwanz ebenfalls, Hörner und Gesicht dagegen kürzer, der Haaranteil reduzierte sich.

Diese letzte Eigenschaft ist von nicht zu unterschätzender Wichtigkeit. Neben der kultischen Bedeutung des Schafs interessierten den Menschen zunächst vor allem sein Fleisch, seine Haut und sein Dung, etwas später auch die Milch. Doch erst das Wollschaf konnte dem Menschen einen Dienst erweisen, zu dem andere wichtige Nutztiere wie das Rind oder das Schwein nicht in der Lage waren: Es lieferte den Rohstoff für wärmende Bekleidung.

Die Grundvoraussetzung zur „Erfindung" des Wollhöschens brachten die Wildschafe bereits mit: Ihr Haarkleid war schon von feinen, stark gewellten Wollhaaren durchsetzt, die im Winter sehr viel dichter wurden. Doch kuschelig weich fühlten sie sich noch nicht an, denn vorherrschend war das feste, dicke und stachelige Deckhaar. Dieser Nachteil wurde durch klimatische Bedingungen, vor allem jedoch durch Selektion zugunsten der begehrten Wolle reduziert, sodass die Hausschafe schließlich das typische dicke Wollvlies ausbildeten. Allerdings gibt es auch heute noch Rassen, die einen nennenswerten Anteil an groben Grannenhaaren haben ebenso wie Haarschafe, die ihre Wolle im Frühjahr abwerfen – naheliegenderweise kommen letztere Rassen vor allem in heißen Regionen wie den Tro-

Das fein gekräuselte Wollhaar wurde schon in der Vorzeit zur wichtigsten Textilfaser.

pen vor. Im Gegensatz zu den wilden und den Haarschafrassen behalten die meisten zahmen Vertreter ihre Wolle aber geduldig, bis jemand sie schert.

Die ersten reinen Wollschafe datieren die Wissenschaftler auf etwa 4000 v. Chr., manche sogar schon ab 6000 v. Chr. Sumerische Zeichnungen von vor 3000 v. Chr. zeigen bereits sehr eindrucksvoll die verschiedenen Nutzungsarten. Wurde die Wolle zunächst noch zusammen mit Leinen verarbeitet, war sie ab etwa dem 2. Jahrtausend v. Chr. die dominierende Textilfaser in Mitteleuropa. Allerdings darf man sich die damals verarbeitete Wolle nicht so vorstellen, wie die, aus denen heute edle Jacketts gefertigt werden.

In den Jahrtausenden der Wollschafgeschichte ging es bei Selektion und Züchtung nicht nur darum, den Anteil an Fellhaaren weiter zu reduzieren, vor allem wünschte man sich Schafe mit immer feinerer und dichterer Wolle. Insbesondere in der Schafzucht vom 18. bis ins 20. Jahrhundert erzielte man in dieser Hinsicht größte Erfolge. Doch bereits während der Bronzezeit trug man als Schaf gern feines Haar – der Durchmesser der Wollhaare hatte sich bei einigen Tieren bereits deutlich verringert, die ersten Hausschafe mit Mischwolle entwickelten sich. Im Römischen Reich gab es dann schon erste feinwollige Schafe, wobei weiße Wolle bevorzugt wurde, konnte man diese doch am besten färben.

Dass die meisten bekannten Hausschafe ein weißes Vlies tragen, lässt sich zum einen aus solchen Selektionsprozessen erklären. Ein weiterer Grund dürfte jedoch auch die ursprünglich weißliche Unterwolle der Wildschafe sein. Auch das legendäre schwarze Schaf hat sein schweres Schicksal womöglich seinen Vorfahren zu verdanken: Bei

Folgende Doppelseite: Das Farbspektrum der Schafwelt ist groß und hängt auch immer vom jeweiligen Zeitgeschmack ab.

einigen Wildschafen hatte die helle Unterwolle schwarze Spitzen, was auf einen entsprechenden Pigmentierungsfaktor zurückgeht.

Die Wildzeichnung wich bereits am Anfang der Domestizierungsgeschichte zumeist einfacheren Farbmustern, die oft letztlich zur Einfarbigkeit – meistens eben weiß – führte, wobei allerdings die ursprüngliche Zeichnung an Gesicht und Beinen bei vielen Rassen erhalten blieb. Nur einige wenige primitive Rassen wie das Soay-Schaf zeigen noch eine den Mufflons ähnliche Färbung. In welcher Farbe die nicht weißen Schafe gerade gehen, hängt immer auch etwas vom Zeitgeschmack ab.

Vom antiken Rom weiß man, dass grauschwarze, graue, dunkelbraune und rote Tiere die weiße Schafwelt bunter machten. Dass der Schafhaltung bei den Römern ein solcher Stellenwert eingeräumt wurde, lag jedoch nicht allein an der bedeutenden Textilfaser Wolle. Schafe spielten auch als Opfertiere eine Rolle, und Käse aus Schafs- und Ziegenmilch war ein Grundnahrungsmittel im alten Rom. Die Sage weiß sogar zu berichten, dass Romulus sich mit einem Käse aus

Diese Lämmer gehen klassisch in Schwarz und Weiß. Schon die Unterwolle ihrer wilden Vorfahren war durch diese Farben gekennzeichnet.

Schafs- und Ziegenmilch stärkte, bevor er Rom gründete – diese Anekdote wird auch gern von den entsprechenden Käsereien kolportiert.

Der römische Einfluss war es auch, der in Britannien bereits im 4. Jahrhundert n. Chr. eine florierende Wollindustrie entstehen ließ; die begehrtesten Wollteppiche wurden hier hergestellt. Obwohl die Schafzucht in Britannien im Mittelalter schon so weit fortgeschritten war, dass die relativ feine Wolle zu einem wichtigen Exportgut wurde, war es ein anderes Land, das durch die Wollschafzucht nicht nur berühmt, sondern auch reich wurde: nämlich Spanien. Neben den Phöniziern waren es dort wiederum die Römer, die die Schafe mit der feinen Wolle in die eroberten Länder des Riesenreichs mitgebracht hatten. Die Schafzucht wurde später von den Mauren intensiviert, und nachdem im 12. Jahrhundert der nordafrikanische Berberstamm Beri-Merines seine eigenen Tiere in die Zucht der lokalen spanischen Rassen eingebracht hatte, waren die Kings unter den feinwolligen Schafen, die Merinos, geboren. Durch das Exportverbot von Zuchttieren sicherte sich Spanien über Jahrhunderte das Monopol auf die Lieferanten der feinen Merino-Wolle.

Das Merinoschaf ist das Wollschaf schlechthin und mittlerweile in weiten Teilen der Erde verbreitet.

Lebendige Wolle – und was man daraus machen kann

Im Mittelalter wurde das Schaf, das über Jahrtausende vor allem der bäuerlichen Selbstversorgung diente, zunehmend interessanter für Klerus und Adel, die zugunsten eigener Einkommensquellen die bäuerliche Schafhaltung immer stärker beschnitten. Zugleich bildeten sich verstärkt sehr unterschiedliche Landrassen, von denen jedoch außer in Großbritannien und Spanien der weitaus größte Teil nur Grob- und Mischwolle lieferte. Erst ab Ende des 18. Jahrhunderts wurden die Wollschafe durch Importe und Einkreuzungen ihrer englischen und spanischen Verwandten mehrheitlich feinwollig – das war, geschichtlich gesehen, kurz bevor sie ihre ganz große Bedeutung weitgehend verloren.

Doch vorher erreichte die Schafhaltung in Deutschland noch ihre absolute Blütezeit: Rund 30 Millionen (!) Schafe wurden fast ausschließlich zur Wollproduktion gehalten. Der Großteil davon waren Kreuzungen aus den heimischen Landrassen mit importierten Merinoschafen.

Noch immer machen die Merino-Rassen etwa 30 Prozent des deutschen Schafbestandes aus, allerdings leben insgesamt nur noch etwa 2,4 Millionen Schafe unter uns. Mit der Einführung der Baumwolle – und später synthetischer Fasern – wurde Wolle zunehmend uninteressanter, und heute spielen Schafe als Wolllieferanten in ganz Europa kaum noch eine Rolle.

Die noch nachgefragten eher geringen Mengen an Schafswolle werden größtenteils aus Überseeländern wie Australien und Neuseeland importiert, wo große Herden nicht nur ausreichend Platz finden, sondern auch günstig geschoren werden können. In diesen Ländern wurde die Einfuhr von Merino-Schafen und die anschließende Züchtung von Anfang an sehr konsequent betrieben. Herden von bis zu 10 000 Tieren sind dort wie auch in China oder auf dem Gebiet der ehemaligen Sowjetunion durchaus üblich.

Die meisten Schafe leben jedoch anders, nämlich in sehr kleinen Herden oder sogar einzeln. Traditionell spielt das Schaf eine große Rolle in der bäuerlichen Selbstversorgung. Es ist genügsam, kann besonders hügelige, abgelegene oder trockene Gebiete nutzen, die sonst landwirtschaftlich kaum zu bewirtschaften sind, und ist ein hervorragender Resteverwerter. Schafe fressen Abfälle, die beim Ackerbau anfallen, die zum Beispiel Rinder verschmähen, und suchen sich ihr Futter auch dort, wo andere Nutztiere gar nicht erst hingelangen, und mit ihrem Dung verbessern sie anschließend die Äcker. Insbesondere für die ärmeren Bevölkerungsschichten in Entwicklungs- und

Gegenüberliegende Seite: Neuseeland ist bekannt für seine riesigen Schafherden.

Die traditionelle Schafhaltung ist die Hütehaltung.

Transformationsländern ist das genügsame und anpassungsfähige Schaf in diesen Hinsichten noch von großer Wichtigkeit.

In Mitteleuropa spielen Schafe hauptsächlich im bäuerlichen Nebenerwerb eine Rolle. Entsprechend der sinkenden Nachfrage nach Wolle wurden hier seit Mitte des 20. Jahrhunderts wieder verstärkt vor allem englische Fleischschafrassen eingekreuzt. Das Fleisch des Schafs, genauer des Lamms, hat sozusagen die Oberhand gewonnen, wobei auch hier die Nachfrage im Vergleich zu Rind- und Schweinefleisch überschaubar ist und etwa die Hälfte durch Importe aus Übersee befriedigt wird.

Eine große Bedeutung in der deutschen Schafhaltung hat allerdings inzwischen die Landschaftspflege: Indem sie Versteppung und Verbuschung verhindern, fördern Schafe den Erhalt von Kulturlandschaften. Besonders bekannte Vertreter solcher Naturschützer sind die Heid- und Moorschnucken in der Lüneburger Heide. Und dass man auch auf den Deichen an Nord- und Ostseeküste häufig Schafe sieht, ist kein Zufall: Sie halten die Wühlmäuse in Schach und treten die Grasnarbe fest. Steigend ist die Nachfrage nach Schafen bei Privatleuten, die diese Tiere einfach mögen und sich ihre – unkomplizierte – Haltung zum Hobby machen.

Die ursprüngliche Form der Schafhaltung ist die Hütehaltung – und noch immer werden über die Hälfte der Schafe in Deutschland gehütet. Immerhin in gut 18 Prozent der Fälle legen Schäfer und Schafe dabei auch noch weite Strecken zurück. Ein Bild, das viele anrührt, da es an vergangene Zeiten erinnert: Der Hirte zieht mit seiner Herde und Hütehunden über das Land, das Futter ist auf landwirtschaftlich ungenutzten Flächen sozusagen frei verfügbar. Doch das ist nicht nur rührend, sondern auch nützlich: Mit der Wanderschäferei werden nicht ständig beweidbare Flächen gepflegt. Allerdings ist die standortgebundene Hütehaltung der Landschaftspflege je nach Region mindestens ebenso zuträglich. Etwa 30 Prozent der deutschen Schafe

Schafe werden in Deutschland häufig zur Pflege von Deichen eingesetzt.

werden in einer solchen Schäferei mit nahe gelegenen Weiden gehalten. Dagegen finden sich heute die restlichen etwa 42 Prozent der Tiere hinter einem Zaun wieder. Die erst später entstandene Koppelhaltung hat den Vorteil, dass sie eine ständige Beaufsichtigung überflüssig macht.

Weltweit gibt es heute etwa eine Milliarde Schafe, wovon etwa 40 Prozent in Asien, 20 Prozent in Afrika, 15 Prozent in Ozeanien – hier vor allem in Australien und Neuseeland – und der Rest in Europa und Amerika beheimatet sind. In weit über 600 unterschiedlichen Rassen bevölkern die Schafe fast alle Klimazonen von der Arktik bis zur Wüste. Ungefähr die Hälfte des Bestandes dient der Wollnutzung, wobei der Anteil an Wollschafen in Asien besonders hoch ist. Neuseeland nimmt sowohl als Lieferant von Lammfleisch als auch von Schurwolle eine Spitzenstellung ein. Und immerhin 25 Prozent des weltweiten Bestandes machen die eher unbekannten Fettschwanzschafe aus, die vorwiegend in den trockenen Gebieten Afrikas, Asiens und des Mittleren Ostens leben. Ihre Milchleistung ist vergleichsweise hoch, die lange und raue Wolle wird bevorzugt zur Teppichherstellung genutzt und die Felle der Karakul-Lämmer werden oft zu den sogenannten Persianerpelzen verarbeitet.

Gern gesehen sind Schafe in Streichelzoos.

Niemand kommt hier ungeschoren davon

„Nach Wolle ging schon mancher aus und kam geschoren selbst nach Haus."

Einmal pro Jahr, zwischen Mitte Mai und Mitte Juni, kommt die Kolonne von sechs Mann in die kleine Schäferei im Schwäbischen und schert alle Schafe, die über sechs Monate alt sind. Das ist nicht nur für die Schafe überlebensnotwendig, sondern vom Tierschutzgesetz so vorgeschrieben. Jeder verhältnismäßig kleine Betrieb sieht das mit einem lachenden und einem weinenden Auge. Lachend, weil man die Arbeit selbst nicht leisten könnte, denn ein Scherer befreit bis zu hundert Tiere täglich von ihrer Wolle; weinend, weil der Auftrag in den allermeisten Fällen mehr kostet, als er einbringt. Ein Schafhalter bekommt für 1 Kilogramm Rohwolle je nach Qualität 20 bis 80 Cent. Zwar fallen – abhängig von der Rasse – pro Schaf 4 bis 5 Kilogramm Wolle an: Aber was lässt sich damit schon verdienen, wenn der Scherer pro Tier zwischen 2 und 3 Euro bekommt?

Die Wolldecken, in die wir uns einkuscheln, Wollpullover oder Tweed-Jacketts, die uns mehr oder weniger modisch kleiden – fast immer kommt der Rohstoff dazu aus Übersee, meist aus

Australien, und das zu einem Preis, bei dem selbst dem wolligsten Schaf die Haare zu Berge stehen. Es ist traurig, aber wahr: Wolle lohnt sich nicht mehr, ist bestenfalls Beiprodukt.

Ähnlich der Problematik, welche Bundesligamannschaft den besten Fußball spielt, führt die Frage, ob neuseeländische oder australische Schafscherer die schnellsten sind, in diesen Ländern regelmäßig zu Auseinandersetzungen.

Ein weißes Vlies als Ergebnis von jahrhundertelanger Selektion und Züchtung: Rohwolle, die heute niemand mehr haben will.

Dabei wäre gerade in Zeiten der Nachhaltigkeit Schafwolle als nachwachsender Rohstoff das Musterbeispiel eines Ökoprodukts: Seine Thermoregulationseigenschaft, seine Wärmeisolierung und seine Selbstreinigungsfunktion sind sprichwörtlich, und das alles auch noch in Form eines nachwachsenden Rohstoffs!

Wo dieser aber nicht mehr gewinnbringend vermarktet werden kann, sucht man sich Nischen: Wolle landet schon lange nicht mehr nur in Spinnereien, sondern wird als Isolationsmaterial bei Baustoffen oder als Dämmstoff eingesetzt.

Eine andere Alternative haben sich Wissenschaftler der Fachhochschule Osnabrück ausgedacht, als sie das „Nolana"-Projekt ins Leben riefen. Gemeint ist damit nicht die gleichnamige Gattung aus der Familie der Nachtschattengewächse, vielmehr ist Nolana ein latinisiertes Kunstwort, das „keine Wolle" bedeutet. Das Ziel war einfach definiert: die Züchtung oder vielmehr Rückzüchtung zu einer Rasse, die keine Wolle produziert und die daher nicht geschoren werden muss. Mit Haarschafen, die ihr Haarkleid im Frühjahr abwerfen und zu denen Rassen wie das Dorper, das Barbados Blackbelly oder das Kamerunschaf gehören, gelang es in der Kreuzung mit einheimischen Wollrassen, den „Nolana-Landschaftstyp" zu züchten, der nicht wie die Wollschafe einmal jährlich die Hüllen fallen lassen muss. Auch eine Möglichkeit, dem Schaf das Goldene Vlies zu klauen ...

Das Dorper stammt aus Südafrika und gehört zu den Haarschafrassen, deren Unterwolle einem jährlichen Haarwechsel unterliegt. Frieren muss es aber im Winter trotzdem nicht.

Das Schaf in der Mythologie
oder Unschuldslämmer und Sündenböcke

Wo sich Kulturen etablieren, etablieren sich Gottheiten; wo Gottheiten existieren, entstehen Kulte der Verehrung – und was wäre anbetungswürdiger als ein Wesen, das Herrschern und Beherrschten das sichert, was im wahrsten Sinne überlebensnotwendig ist. So ist es nicht weiter verwunderlich, dass mit der Domestizierung von Wildtieren diese für unsere Urahnen nicht nur ein wertvolles Gut darstellten, sondern zum regelrechten Kultobjekt wurden. Fleisch, Milch, Häute, Knochen – Güter also, die das Überleben in harten Zeiten und karger Umwelt sicherten – hatten zu jener Zeit sicherlich einen anderen Stellenwert als in der postmodernen Welt. Ein Schaf, am heimeligen Feuer gegrillt, war da gleich doppelt wertvoll: Denn wenn das Feuer ausgebrannt war, konnte man sich das volle Bäuchlein reiben und sich mit seinem Schaffell ein warmes Plätzchen sichern.

Die Verehrung derart „heiliger Kühe" fand in den Felszeichnungen von Lascaux oder Altamira einen frühen künstlerischen wie kulturhistorischen Ausdruck und galt neben den Rindern auch weiteren domestizierten Wildtieren wie Ziegen und eben auch Schafen.

Im alten Ägypten galten Letztere – und es ist nicht unbedingt erstaunlich, dass in einer vornehmlich patriarchalischen Gesellschaft die männlichen Vertreter ihrer Art bevorzugt wurden – in der Form des Widders als heilig. Die imposanten spiralförmigen Hörner waren geradezu dafür prädestiniert, zum Symbol göttlicher, königlicher und pharaonischer Macht zu werden. Vom Sonnengott Re ist bekannt, dass er häufig mit dem Kopf eines Falken abgebildet wurde – weniger bekannt ist hingegen, dass anstelle des Falkenkopfes auch der Widder in Erscheinung trat, wie im Tempel Sethos I. im ägyptischen Abydos. Die wuchtigen Hörner waren nämlich bestens geeignet, die Sonnenscheibe dazwischenzuklemmen. Im Schnabel eines Falken machte das nur halb so viel her.

Ferner war der Widder als Inbegriff der Fruchtbarkeit der Gottheit Amun zugeordnet. Seit der 11. Dynastie fungierte diese als Lokalgottheit Thebens, und in der berühmten Tempelanlage von Karnak, zweieinhalb Kilometer nördlich von Luxor, ist die enge Verknüpfung

Als Schutzgott der Nilquellen wird Chnum als Widder dargestellt.

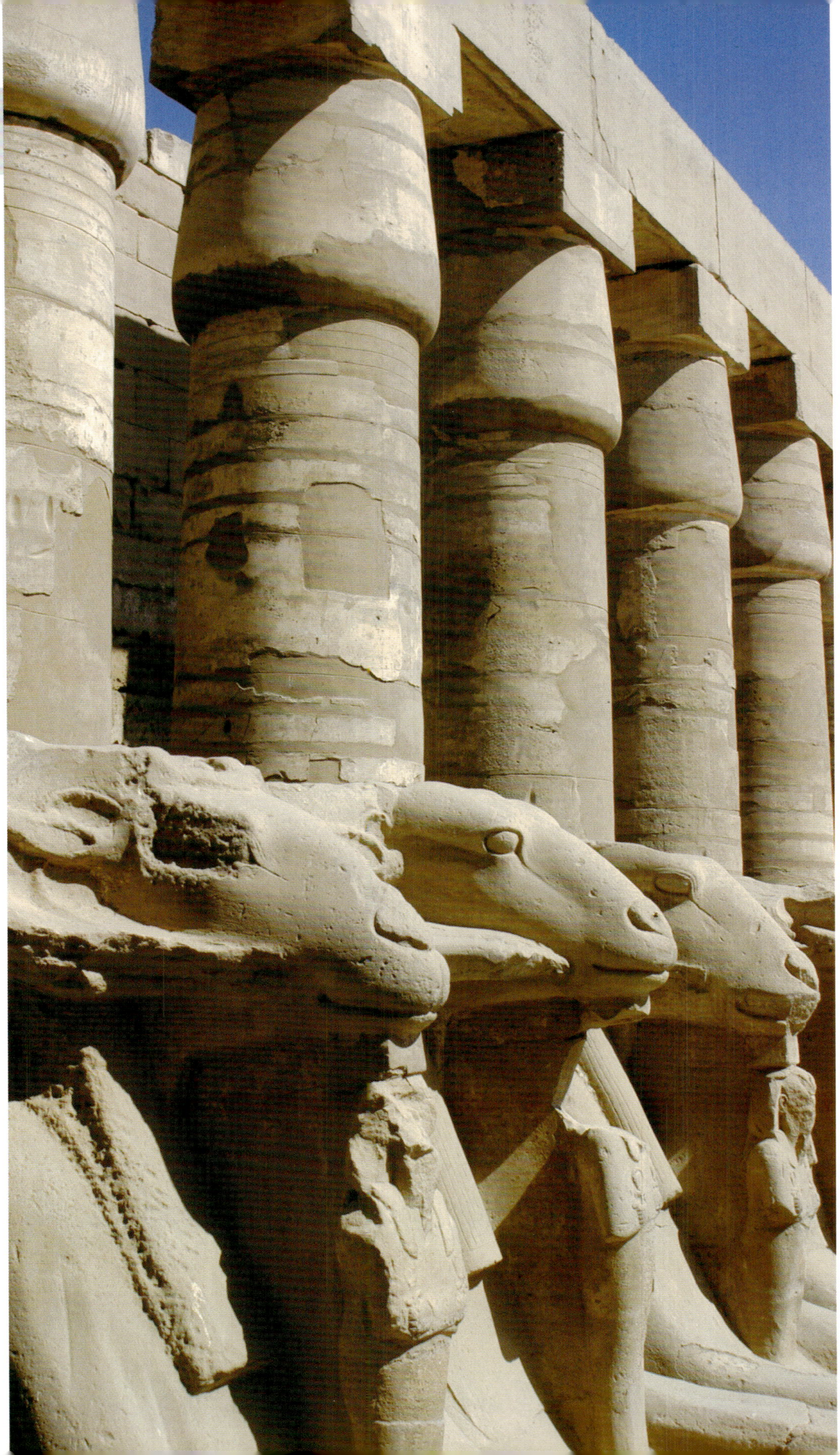

von Gott und Schaf kaum zu übersehen: Liegende Widdersphingen säumen auf Podesten die Wege zu den Tempeln.

Zu den widdrigsten aller ägyptischen Gottheiten zählt auch Chnum. In Esna wurde er als Schöpfergott verehrt, in Elephantine ist er Schutzherr des Katarakts und der Nilquellen, für die Ägypter Ursprung allen Lebens und ihrer Existenz. Der Kult um Chnum brachte dem Schaf in Oberägypten gegenüber anderen Arten einen besonderen Vorteil: Das der Gottheit gewidmete Tier erfreute sich einer ganz besonderen Hege und Pflege. War ein Widder gestorben, wurde er mit ähnlichen Zeremonien wie ein Mensch mumifiziert und bestattet. Die hölzernen Sarkophage in der Nekropole der heiligen Widder auf der Insel Elephantine, gegenüber von Assuan, zeugen noch heute von der besonderen Stellung des Widders für die kultischen Handlungen.

Gegenüberliegende Seite: widderköpfige Sphingen in der Tempelanlage von Karnak

Relief im Tempel des Chnum in Elephantine

Die Griechen, nicht unbegabt im Räubern von Göttern bei anderen Kulturen, identifizierten Amun mit Zeus, womit der Kult um den Widdergott auch nach dem Untergang der ägyptischen Dynastien noch einige Zeit fortlebte. Schafe fanden aber auch Eingang in die griechische Sagenwelt. Die bekannteste Legende dürfte wohl die um das Goldene Vlies eines Widders sein.

Die Geschichte ist schnell erzählt: Sie handelt von der intriganten Ino, die sich der böotische König Athamas zur neuen Gefährtin auserkoren hat, nachdem ihn seine Frau Nephele, die Wolkengöttin, verlassen hatte – woran er selbst allerdings nicht ganz unschuldig war. Dummerweise bringt er seine beiden Kinder Helle und den Thronanwärter Phrixos in die Patchwork-Familie mit ein, die von der Stiefmutter alles andere als heiß und innig geliebt werden. Gefahr für ihre leiblichen Kinder witternd, erbittet Nephele den Schutz der Götter, die den Widder Chrysomeles – ein Tier, das nicht nur sprechen, sondern auch ganz unartgerecht fliegen kann! – schicken, der die beiden Kinder auf seinem Rücken rettet. Helle überlebt den wilden Ritt allerdings nicht, denn beim Überfliegen der Dardanellen blickt sie verbotenerweise nach unten, wird vom Schwindel erfasst und stürzt ins Meer.

Nicht nur, dass wir dieser Sage den Namen der Meerenge zwischen Europa und Asien zu verdanken haben (Hellespont), wir schulden ihr im Weiteren eine frühe Action-Story, nämlich die der Argonauten. Der fliegende Widder Chrysomeles nämlich liefert Phrixos sicher in Kolchis, einem Land am Schwarzen Meer, ab und wird aus Dankbarkeit im Tempel des Zeus stante pede geopfert – der Sage nach auf eigenen Wunsch, wobei man mit Fug und Recht behaupten darf, dass

ein Schaf, das sprechen und fliegen kann, für einen derartigen
Wunsch wahrscheinlich zu schlau gewesen wäre. Sein wertvolles Fell
wird im heiligen Hain des Gottes Ares aufbewahrt und von einem
Drachen bewacht. Genau jenes Vlies ist es, das die Argonauten später unter der Führung Jasons und mithilfe der Königstochter Medea
rauben und zurück in griechische Gefilde nach Iolkos bringen. Der
Tatbestand, dass der rettende Widder für seine Heldentat geopfert
wird, mag bedauerlich erscheinen: Das Schicksal teilt er aber – was
kulturhistorisch und archäologisch nachgewiesen ist – mit zahlreichen seiner Artgenossen, denn in den goldreichen Gebieten um Kolchis, das dem heutigen Georgien entsprechen dürfte, verwendeten die
Einwohner tatsächlich dichtwollige Schaffelle, um mit deren Hilfe
den Goldsand aus den Flüssen zu filtern.

Die Sage vom Goldenen Vlies hatte Jahrhunderte später handfeste
historische Konsequenzen: 1430 stiftete Phillip der Gute von Bur-
gund den Orden vom Goldenen Vlies, einen Ritterorden, dessen Ziel

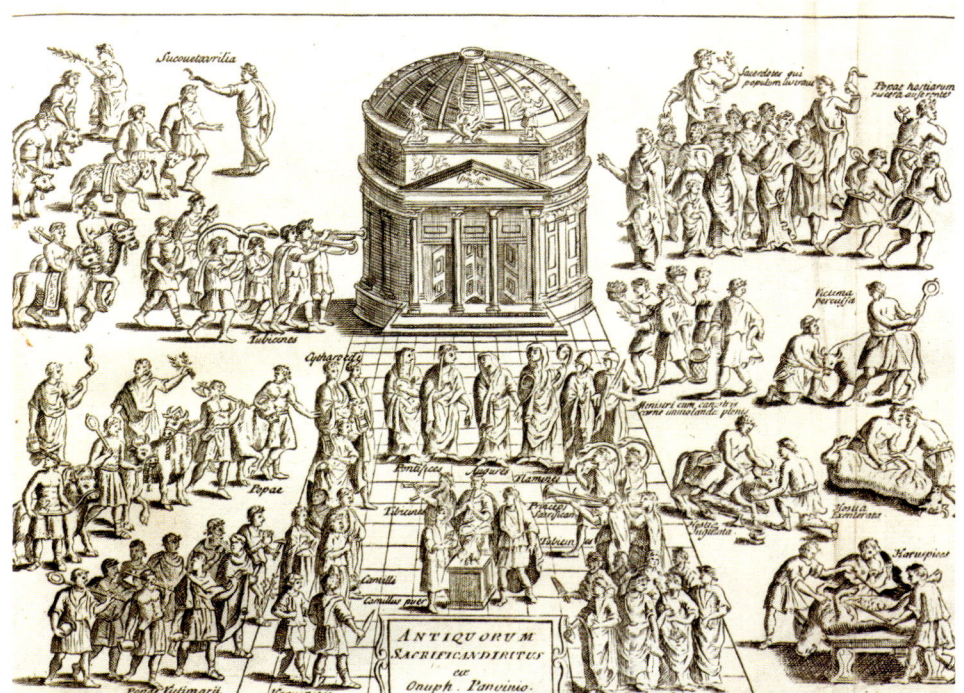

*Opferung von Tieren vor
einem römischen Tempel.*

Das Lamm spielt im Christentum als Analogie zu Jesus Christus eine zentrale Rolle.

Rechts: So sah der französische Maler und Bildhauer Gustave Doré (1832–1883) Jakob, den ersten Schäfer (1 Moses 30, 27–43).

Schafe dürfen in keiner Krippe fehlen.

die Erhaltung des katholischen Glaubens, der Schutz der Kirche und die Wahrung der unbefleckten Ehre des Rittertums war. Das Ordensabzeichen war ein an einer Kette hängendes goldenes Widderfell.

Doch war das Schaf schon lange vorher Bestandteil und Symbol in den verschiedenen Religionen. In der christlichen Ikonografie, in der das Schaf, hier ausnahmsweise nicht in seiner Form als Widder, sondern als Lamm, neben der Taube das wohl am häufigsten abgebildete Tier sein dürfte, taucht es zum ersten Mal bei Abraham auf, der von Gott auf eine überaus harte Probe gestellt wird: Er soll seinen Sohn Isaak opfern, um auf diese Weise seine Treue gegenüber Gott zu dokumentieren. Abraham tut, wie ihm geheißen worden ist, und als er schon das Messer in der Hand hält, um seinen Sohn zu opfern, stoppt ihn ein Engel Gottes, der ihm mitteilt, es habe sich nur um eine Glaubensprüfung gehandelt. Happy End also für den Familienklan, nicht aber für das

Schaf, denn in Ermangelung seines Sohnes nimmt Abraham einen Widder, der sich im Gestrüpp verfangen hat, und bringt diesen anstelle seines Sohnes als Brandopfer dar. Da Abraham als Stammvater der drei Religionen Judentum, Islam und Christentum angesehen wird, existiert dieses Ereignis auch in anderen Religionen.

Zentral im Christentum ist die Rolle des Lamms als Opfertier, denn hier steht es in Analogie zu Jesus Christus, der sich widerspruchslos für die Sünden der Menschheit opfert. Die Assoziation von „Lamm" mit Begriffen wie „Unschuld" und „Reinheit" charakterisiert den sich opfernden Christus als von allen Sünden rein. In Johannes 1, 29 heißt es: „Tags darauf sah er [Johannes] Jesus auf sich zukommen und sprach: ‚Seht das Lamm Gottes, das hinwegnimmt die Sünde der Welt!'" Als Lamm Gottes, auf Lateinisch „Agnus Dei", hat diese Analogie Eingang in die christliche Liturgie gefunden, wo es heißt „*Agnus Dei, qui tollis peccata mundi, miserere nobis*" (Christe, Du Lamm Gottes, der du trägst die Sünd der Welt, erbarm dich unser). Die Rolle des Schafes als Opfertier ist im Alten Testament nicht nur durch Abraham belegt, auch die Pessach-Lämmer, deren Blut als Schutzmal vor dem Todesengel auf die Türpfosten gestrichen wurde, gehörten zur alttestamentarisch dokumentierten jüdischen Praxis. Noch heute zählt das Pessachfest im Judentum zu den zentralen Feiern und ist Blaupause für das Abendmahl, das Jesus mit seinen Jüngern am Vorabend seines Todes feiert.

Aber nicht nur als Opfertier spielt das Lamm eine Rolle. In der christlichen Ikonografie wird es oft auch zusammen mit einer Siegesfahne abgebildet. Hier ist die Symbolik eine andere, denn das Osterlamm steht dort zwar auch als Zeichen für Jesus Christus, der aber

Für die Sehnsucht, behütet zu werden, ist die Beziehung vom Hirten zu seinen Schafen das perfekte Symbol.

Im Zusammenhang mit der Siegesfahne ist das Lamm Symbol für die Auferstehung und Überwindung des Todes.

Der Tierkreis beginnt beim Widder.

durch seine Auferstehung den Tod überwunden hat. Im Gegensatz zum griechisch-orthodoxen Christentum, wo dem Osterlamm noch eine große Bedeutung zugemessen wird, ist im westlichen Osterbrauchtum das Lamm ein wenig in den Hintergrund getreten. Bis in die Mitte des 16. Jahrhunderts gehörte ein Lammbraten noch auf jede österliche Festtafel. Heutzutage geht die Sache (für die Schafe) wesentlich humaner zu: Lämmer für das Osterfrühstück bestehen vornehmlich aus Biskuitteig.

Das Schaf kam also in hohem Maß zu himmlischen Ehren. Und da steht es heute noch, im Himmel, allerdings wieder als Widder, genauer gesagt zwischen Fische und Stier: nämlich als eines der Tierkreiszeichen, die von den Babyloniern und Sumerern bereits im 3. Jahrtausend v. Chr. in Gebrauch waren. Dort war das Sternbild als Symbol für den Ackerbau verbreitet und bezeichnete den Frühlingsanfang um den 21. März. Ägypter und Griechen übernahmen das Konzept der Tierkreiszeichen und nannten das Sternbild nach der bereits oben beschriebenen Sage vom Goldenen Vlies „Widder" – wenn schon in Kolchis geschlachtet, so sollte er jedenfalls im Himmel die Menschen an seine Heldentat erinnern.

Interessanterweise spielt das Schaf aber nicht nur in den astronomischen und astrologischen Konzepten des Abendlandes eine bedeutende Rolle. Auch im chinesischen Kalender, der den „zwölf Erdzweigen" folgt, ist ein Jahr dem

Schaf gewidmet (das es sich allerdings mit der Ziege teilen muss, denn das chinesische Zeichen „Yang" bezeichnet beides gleichermaßen). Nach chinesischer Rechnung war das letzte Jahr, in dem das Schaf die Vorherrschaft hatte, das Jahr 2003 – erst 2015 ist das nächste Mal Schafjahr. In China sagt man einer im Schafjahr geborenen Person Artigkeit und Genauigkeit nach, Zurückhaltung, ja sogar Schüchternheit seien ihre vorrangigen Wesensmerkmale. Die abendländische Astrologie sieht in den Widder-Menschen eher die Eigenschaften des männlichen Tieres: Angriffslust, Entschlossenheit, Impulsivität bis hin zum Wutausbruch sollen sie zeigen, ebenso wie Ehrlichkeit und Leidenschaft. Und doch soll es auch Widder-Geborene geben, die nach einem unbeherrschten Akt der Tatkraft plötzlich wieder ganz lammfromm werden.

Das chinesische Zeichen Yang, die Entsprechung des westlichen Tierkreiszeichens Widder

Widder-Geborenen sagt man Tatkraft und Entschlossenheit nach. Diese Eigenschaften aber müssen sich erst entwickeln. Als Lämmer sind wir eher auf Schutz bedacht.

Das Schaf als Schlüsselanhänger

„Um ein tadelloses Mitglied einer Schafherde sein zu können, muss man vor allem ein Schaf sein."

Keine Frage: Das Schaf boomt. Weniger in seiner Rolle als wirtschaftliches Nutztier denn als Accessoire, egal ob als Motiv auf Kaffeetassen, Umhängetaschen oder Bettzeug. Letzteres ist noch nachvollziehbar: Zum Schläfchen Schäfchen zählen fällt leichter, wenn man das Objekt seiner Traumbegierde direkt vor Augen hat. Doch der Kult um das Schaf erinnert eher an den

Tanz ums Goldene Kalb. Vielleicht liegt es ja daran, dass in jeder Saison eine neue Mode-Sau durchs Dorf und die Nippesläden getrieben werden muss. Waren es vor einigen Jahren die Kühe und Kuhmotive, die man allerorten sah, hat sich der Trend zurzeit auf Schafe festgelegt. Befördert wird er durch Animationsfilme wie „Wallace & Gromit" oder „Shaun das Schaf"; auch Kriminalromane wie „Glennkill", in denen besonders intelligente Schafe eine tragende Rolle spielen, stehen wochenlang auf den Bestsellerlisten.

Wo kommt er her, dieser plötzliche Kult ums Schaf? Zum einen sicherlich daher, dass das Schaf zwei Eigenschaften verbindet, die ihm seit jeher anhängen: Naivität und Unschuld. Wer zu einem anderen sagt: „Du Schaf!", meint dies weniger in beleidigender Art und Weise (sonst würde er im schlimmsten Fall „Du Schwein!" oder „Du dumme Kuh!" sagen), denn abfällig, ja fast schon tadelnd. Der als Schaf Titulierte ist zu einfältig und unbedarft, die komplizierte Welt zu verstehen.

Umso überraschender ist es dann, wenn sich herausstellt, dass das Unschuldslamm in seinem tiefsten Inneren weder so beschränkt noch so minderbemittelt ist, wie es von der Welt gesehen wird, sondern es tatsächlich fertigbringt, zum einen durch außergewöhnliches Denkvermögen kombinatorische Glanzleistungen zu vollbringen oder zum anderen durch körperlichen Einsatz (den es beim realen Schaf ja zweifelsohne gibt) wahre Heldentaten zu bewerkstelligen.

Kombiniert mit seiner kuscheligen, warmen, weichen Wollummantelung ist es Projektionsfläche für einen Charakter, hinter dem wesentlich mehr steckt, als es den Anschein hat. Und seien wir ehrlich: Auch wenn Albert Einstein in dem oben genannten Zitat vor allem auf das Herdenwesen anspielt, so sind wir uns doch alle bewusst, dass auch wir Teil einer Herde sind, in der jeder Einzelne insgeheim danach trachtet, sich durch eine Glanztat hervorzutun. Insofern mag man sagen: Wir sind alle Schafe. Doch wie die Lämmer auf die Schlachtbank geführt zu werden, ohne Murren, ohne Gegenwehr, das wollen wir denn doch nicht. Da hängen wir uns lieber ein niedliches Stoffschaf an den Schlüsselbund, geben ihm einen Namen und denken, dass wir dem Schaf meilenweit überlegen sind.

Das Wesen des Schafs
oder *Wie sich Schäfchen ins Trockene bringen*

„Übrigens zeigt das Schaf nur sehr geringe geistige Anlagen, weiß sich nicht gegen seine Feinde zu vertheidigen, noch mit Geschick oder List, wie viele andere Thiere, der drohenden Gefahr zu entgehen, ist sehr scheu, schreckhaft, furchtsam, feig und gehört unstreitig zu den einfältigsten und dümmsten Geschlechtern der Thiere", schreibt Gustav Heinrich Haumann in seinem 1839 erschienenen Werk „Die Schafzucht in ihrem ganzen Umfange. Ein Hand- und Hülfsbuch für Besitzer größerer und kleinerer Schäfereien, so wie für den Landmann, der seine Schafzucht auf eine höhere Stufe der Vollkommenheit bringen und sie mit Nutzen und Vortheil betreiben will". Und Alfred Edmund Brehm kommt in seinem Standardwerk „Brehms Tierleben" aus den Jahren 1883 bis 1887 zu einem ganz ähnlichen Ergebnis: „Mehr als bei anderen Hausthieren, vielleicht mit alleiniger Ausnahme des Renthieres, sieht man an den Schafen, wie die Sklaverei entartet. Das zahme Schaf ist nur noch ein Schatten von dem wilden. Die Ziege bewahrt sich bis zu einem gewissen Grade auch in der Gefangenschaft ihre Selbständigkeit: das Schaf wird im Dienste des Menschen ein willenloser Knecht. Alle Lebhaftigkeit und Schnelligkeit, das gewandte, behende Wesen, die Kletterkünste, das kluge Erkennen und Meiden oder Abwehren der Gefahr, der Muth und die Kampflust, welche die wilden Schafe zeigen, gehen bei den zahmen unter; sie sind eigentlich das gerade Gegentheil von ihren freilebenden Brüdern. […] Charakterlosigkeit ohne Gleichen spricht sich in ihrem Wesen und Gebaren aus. Der stärkste Widder weicht

In Panik flüchten Schafe immer in der Herde.

*Dass das Schaf als sanft-
mütig und friedlich gilt,
hat es auch seinem
Äußeren zu verdanken.*

feig dem kleinsten Hunde; ein unbedeutendes Thier kann eine ganze
Herde erschrecken; blindlings folgt die Masse einem Führer, gleich-
viel ob derselbe ein erwählter ist oder bloß zufällig das Amt eines solchen bekleidet, stürzt sich ihm nach in augenscheinliche Gefahr,
springt hinter ihm in die tobenden Fluten, obgleich es ersichtlich ist,
daß alle, welche den Satz wagten, zu Grunde gehen müssen. Kein
Thier läßt sich leichter hüten, leichter bemeistern als das zahme Schaf
[…] Daß solche Geschöpfe gutmüthig, sanft, friedlich, harmlos sind,
darf uns nicht wundern; in der Dummheit begründet sich ihr geisti-

ges Wesen, und gerade deshalb ist das Lamm nicht eben ein glücklich gewähltes Sinnbild für tugendreiche Menschen."

Markige Worte über das Schaf, die von den Fachleuten geäußert werden: Eigenschaften wie Feigheit, Dummheit oder Charakterlosigkeit werden da in das Schaf an sich hineininterpretiert; wobei jeder Schafophile unwillkürlich zusammenzucken und widersprechen wird. Sicherlich würde in der modernen Verhaltensforschung niemand mehr auf die Idee kommen, ein Tier als „dumm" zu charakterisieren. Es soll an dieser Stelle eher im Fokus stehen, wo die Vorurteile über das Schaf anfangen und welche Wesensmerkmale tatsächlich begründet beziehungsweise wie sie motiviert sind.

Herdentiere

Tatsächlich kann man immer wieder davon lesen, dass sich Schafe in höchster Angst oder Panik, sei es wegen eines Gewitters, sei es wegen eines Angriffs von Hund oder Wolf, gemeinsam eine Schlucht herunter- oder in einen reißenden Fluss hineinstürzen. Das allerdings ist kein Zeichen von Dummheit oder einer besonderen Leidensfähigkeit,

sondern schlicht darin begründet, dass Schafe ausgesprochene Herdentiere mit einem extrem starken Fluchttrieb sind. Oben geschilderte Meldungen sind aufgrund ihrer Dramatik sicherlich sensationell, entsprechen jedoch nicht dem täglichen Verhalten, sondern sind Ausnahmefälle.

Die starke Herdenbindung rührt ganz einfach daher, dass Schafe kaum wehrhafte Eigenschaften haben – sieht man von aufgeregten Böcken, die ihren unachtsamen Halter durchaus hier und da auf die Hörner nehmen können, einmal ab. Eine schnelle und sichere Flucht ist ihnen ebenfalls kaum vergönnt. Antilopen haben gegen einen angreifenden Löwen immerhin noch ihre Schnelligkeit, ein Weltmeister auf der Kurzstrecke ist das Schaf hingegen nicht und Haken schlagen gehört ebenso wenig zu seinen Eigenschaften. Auch eine Tarnung oder Täuschung des Angreifers ist dem Schaf nicht möglich. Ein Wolf mag sich in einen Schafspelz hüllen, ein Schaf hingegen bleibt immer ein Schaf, kann sich weder aufblähen noch kleiner machen oder wie ein Chamäleon die Farbe wechseln.

Was ihm also bei drohender Gefahr einzig bleibt, ist, sich zusammenzuscharen, ganz nach dem Vorbild des Schwarmverhaltens von Fischen oder Vögeln: Je einheitlicher der Verband agiert, desto

Im Herdenverband lebt's sich am besten – man ist weniger anfällig für Fressfeinde.

schwerer fällt es Fressfeinden, ein Individuum aus der Gruppe als Opfer herauszureißen. Für ein solches Verhalten ist nicht einmal ein Leittier nötig; eine Schafherde wird auch ohne Anführer immer versuchen, zusammenzubleiben. Individuelles Gepräge ist ihre Sache also nicht, in der Gruppe lebt's sich besser. Das kann fatale Auswirkungen haben – wie bei dem oben zitierten kollektiven Sprung von der Klippe –, ist allerdings für den Hüter von Vorteil: Denn so kann er eine Herde leicht überwachen und lenken, eine Aufgabe, die sogar von einem ausgebildeten Hütehund übernommen werden kann. Was allerdings durchaus verwunderlich ist und dem Schaf Charaktereigenschaf-

Mit ausreichender Erfahrung (und tierischer Hilfe) lassen sich Schafe in der Herde gut beaufsichtigen.

ten wie Einfältigkeit und Sanftmütigkeit beschert hat, ist die Tatsache, dass kollektive Panikreaktionen meist still, leise und ohne dramatisches Geblöke vonstatten gehen – das Schweigen der Lämmer.

Weiß man um den starken Herdentrieb der Tiere, kann man sein Verhalten darauf abstimmen: Man sollte beispielsweise nicht mitten durch eine Schafherde gehen – Trennung beunruhigt. Gleiches gilt für die Ansprache der Tiere: Schafe sind ruhige Tiere, Panik kommt nur bei Gefahr auf – und die sollte man nicht durch hektisches oder lautstarkes Auftreten in der Nähe einer Schafherde provozieren.

Für die Haltung leitet sich daraus ab, dass Schafe als Einzeltiere gehalten regelrecht verkümmern – zumindest trifft diese Regel für die allermeisten Rassen zu. Das viel zitierte „verlorene Schaf" hat in der Realität ohne fremde Hilfe oder den Schutz der Herde kaum Überle-

*Schafe fühlen sich
in Gesellschaft am
wohlsten.*

benschancen. Wer sich also mit dem Gedanken an die Anschaffung eines Schafes trägt, sollte beachten, dass es zwar nicht gleich eine fünfzigköpfige Herde sein muss, dass sich ein Einzelkind bei Schafs zuhause aber nicht wirklich wohlfühlt. Dabei muss die Gesellschaft nicht zwingend aus Artgenossen bestehen. Pferd, Kuh, Ente oder Ziege werden als Gesellschaft in Ermangelung eines Besseren ebenfalls akzeptiert.

Denkt man an Schafherden, so fallen einem vor allem die Herden in der Wanderschafhaltung ein, deren Größe aus mehreren hundert Tieren besteht. In der Praxis aber ist es so, dass, wenn die Herde zu groß oder unübersichtlich wird, sich die Schafe in Kleingruppen von zehn bis dreißig Tieren aufteilen, die ein eigenes Gebiet, selten mehr als 100 Meter im Durchmesser, für sich reklamieren – eine Gruppengröße, die sich in Gefahrensituationen als praktikabel erwiesen hat.

*Es muss nicht immer die
große Herde sein – auch
Kleingruppen bieten
Schafen genügend
Spielraum für soziale
Interaktion.*

Ein Tag im Leben eines Schafs

Zweifelsfrei hat das Schaf etwas Phlegmatisches an sich. Ziegen sind da etwas aktiver veranlagt, von anderen Tieren ganz zu schweigen. In ihrer stoischen Gelassenheit können es mit dem Schaf bestenfalls noch die Kühe aufnehmen. Das Schaf sagt sich eben: In der Ruhe liegt die Kraft. Und es ist ja nicht so, als ob Schafe nicht zu außergewöhnlichen Leistungen in der Lage wären.

In der Wanderschafhaltung legen Schäfer und Schafe beachtliche Tageskilometerleistungen an den Tag, doch man muss der Wahrheit ins Auge sehen: Eigeninitiative ergreifen Schafe eigentlich nur in Romanen, in denen besonders gewitzte und überdurchschnittlich begabte Tiere Mörder entlarven oder sonstige Heldentaten vollbringen. Die meiste Zeit des Tages verbringen sie mit Futtersuche, Nahrungsaufnahme, Wiederkäuen und Ruhen. Lämmer hingegen sind aktiver, sie spielen, klettern und springen gern, bis sie sich mit etwa sechs Monaten die Erwachsenen zum Vorbild genommen haben. Und bei denen ist der Tagesablauf eher unspannend.

Schafe sind tagaktive Tiere, die kurz vor Sonnenaufgang aufstehen und sich erst einmal an die Nahrungsaufnahme machen, mit der sie im Grunde den ganzen Tag beschäftigt sind. In fünf bis sechs Perioden aufgeteilt macht es sich das Schaf dann nach einer Mahlzeit bequem, beginnt eine halbe Stunde später mit dem Wiederkäuen, mit dem es dann weitere zwanzig bis dreißig Minuten beschäftigt ist. Im Anschluss folgt der zweite, dritte etc. Gang.

Zwar gelten Schafe im Tierreich nicht unbedingt als Feinschmecker, sie können aber dennoch wählerisch sein, was ihr Futter angeht.

Folgende Doppelseite: Entdecken, spielen und ruhen gehören im Kindergarten der Schafe zum normalen Alltag. Erst im Alter werden sie zunehmend inaktiver.

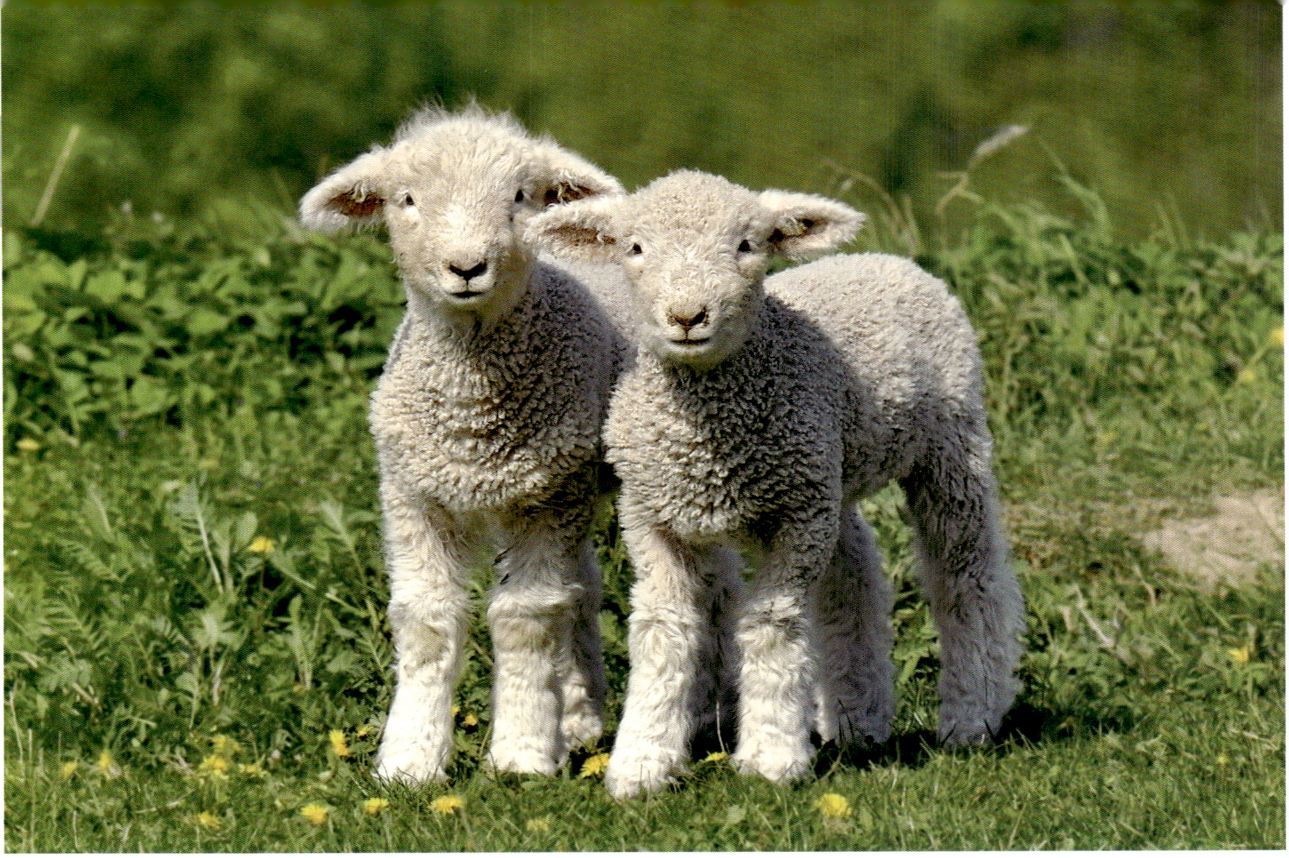

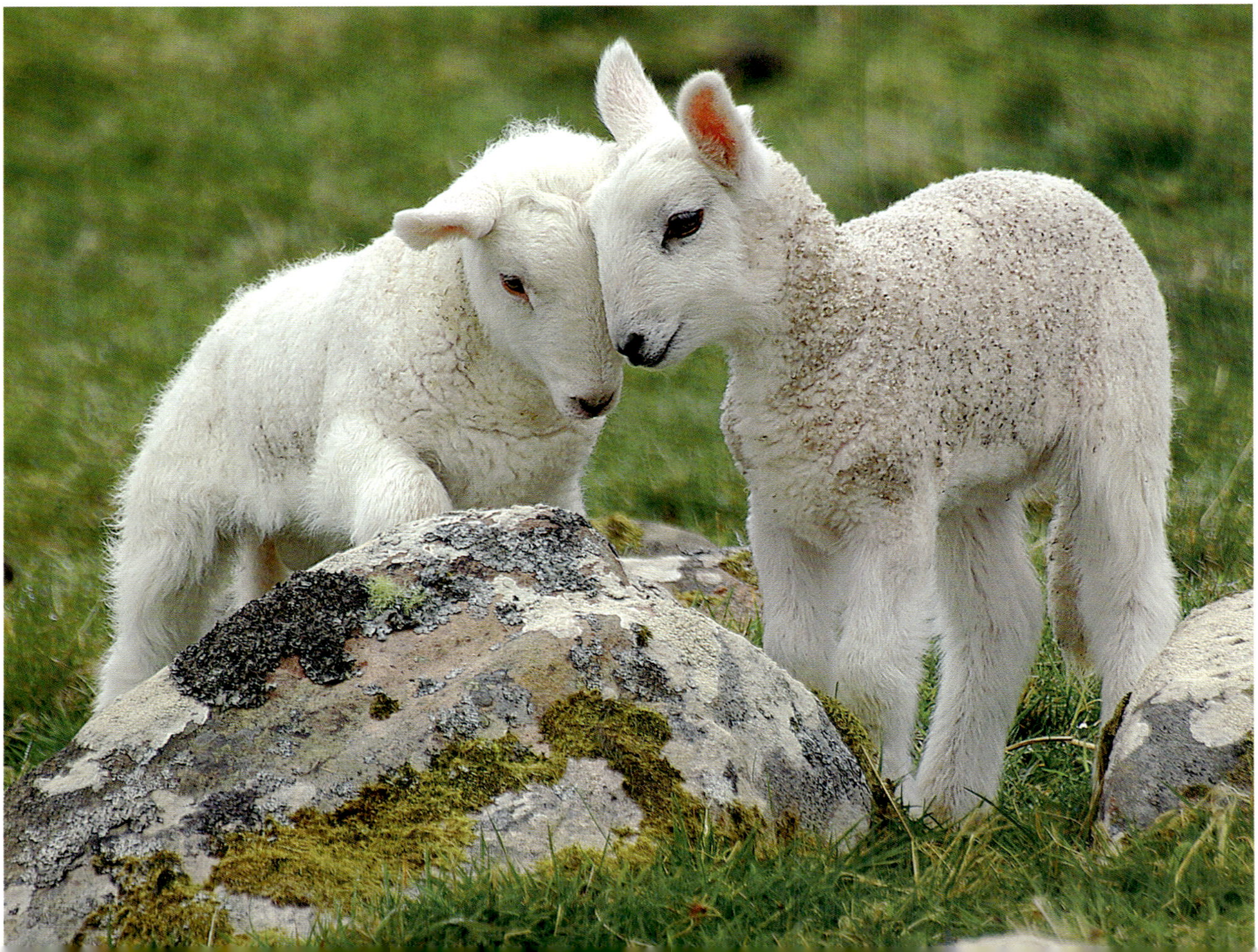

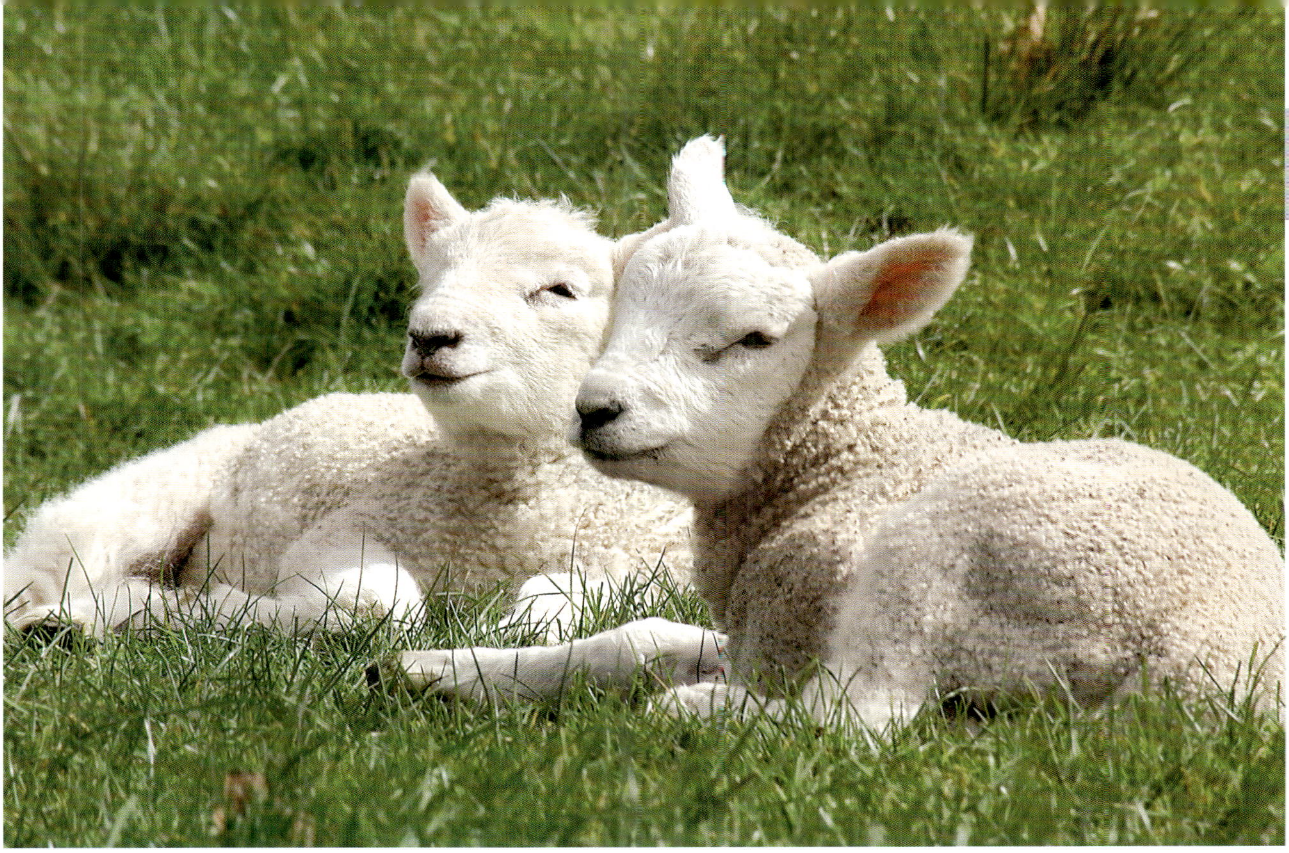

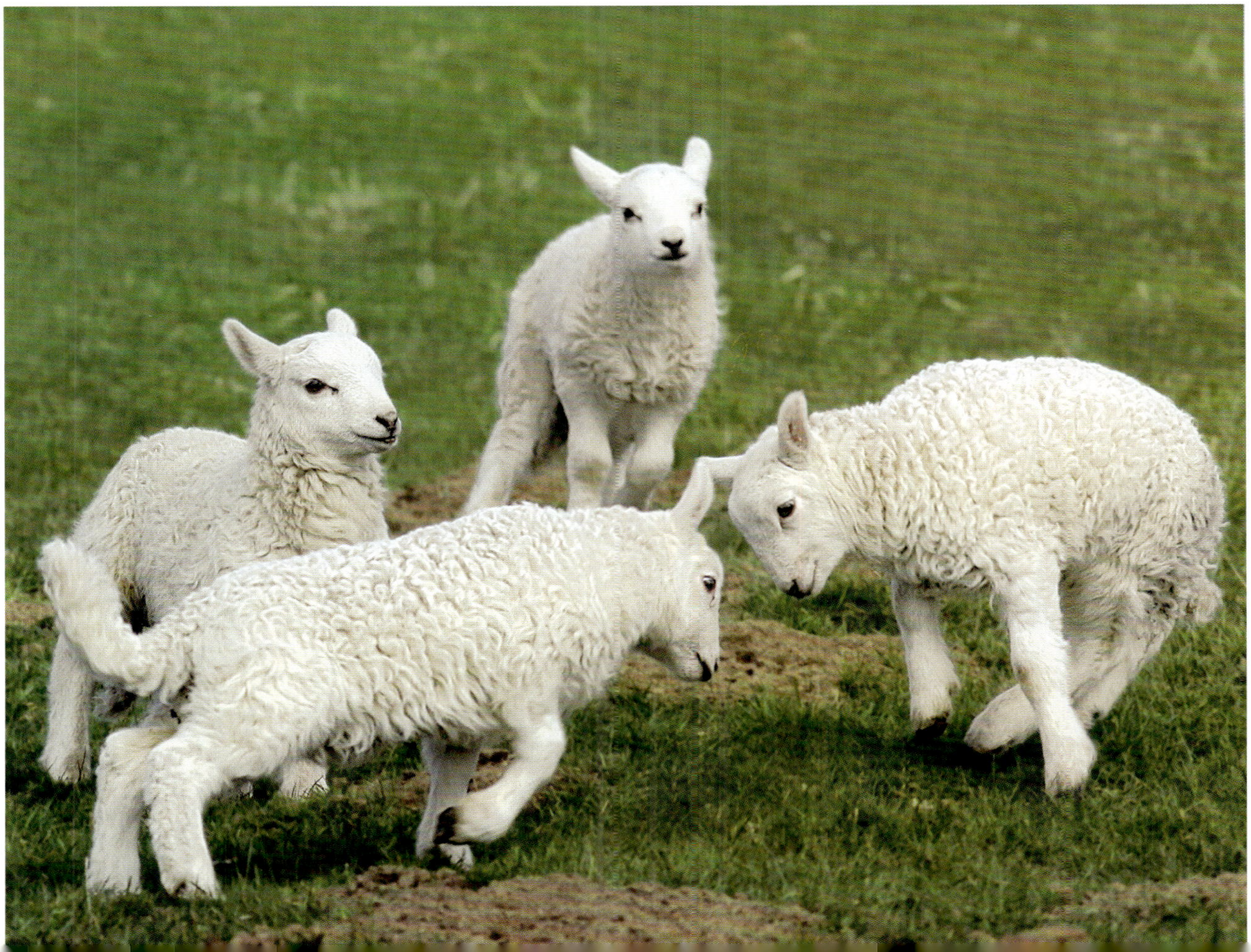

Wenn das Angebot vorhanden ist, bevorzugen sie saftige und gehalt-volle Pflanzenteile. Einzelne Pflanzen mögen sie, andere werden gnadenlos verschmäht. Blätter, Laub, Triebe und auch die Rinde bestimmter Baumarten werden mit Vorliebe gefressen – ein Grund, warum Schafe auf Streuobstwiesen nicht immer gern gesehene Gäste sind, wobei ihr Futter maximal zu 20 Prozent aus solchen Bestandteilen besteht, es sei denn, es steht nichts anderes auf der Speisekarte. Andererseits führt dieses Fressverhalten dazu, dass dort, wo sich

Sauberes Trinkwasser ist für Schafe unumgänglich. Verschmutztes Wasser verschmähen sie.

Schafe aufhalten, Sträucher und Bäume mit der Zeit absterben und seltene Pflanzen wieder Licht und Nährstoffe zum Wachsen bekommen. In Regionen, wo dies gewünscht ist, sind Schafe also hervorragende Landschaftspfleger. Das gilt beispielsweise auch für die so seltenen Wacholderheiden: Denn je nach Rasse sind Nadelgehölze nicht das Lieblingsfressen von Familie Schaf, und Wacholdergehölz mögen sie gar nicht, dafür das, was die Wacholderheiden ansonsten vom Wachsen abhalten könnte. Gefressen wird in schönster Herdensynchronisation, auch da ist das Schaf ganz auf die Gruppe eingestellt.

Ganz im Gegensatz zur Körperpflege. Während Ziegen nicht nur sich selbst, sondern auch andere Herdenmitglieder intensiv mit Zähnen und Lippen beknabbern, ist das Schaf in dieser Hinsicht verschämter: Gewaschen und gekratzt wird allein, gern auch unter Zuhilfenahme der Hinterbeine oder mit Bäumen oder Steinen als Schrubbelhilfe.

Ist der Tag beendet, kommt die längste Ruhepause, die kurz nach Sonnenuntergang beginnt. Dazu sucht sich die Herde einen übersichtlichen Platz mit trockenem und weichem Untergrund aus – wobei Bergschafe aufgrund ihrer regionalen Herkunft nicht unbedingt auf eine weiche Matratzenunterlage angewiesen sind. Freiwillig unterbricht ein Schaf seine Nachtruhe selten. Nur bei Gefahr ist es sofort auf den Beinen.

Körperpflege betreiben Schafe meist allein – und legen dabei eine bemerkenswerte Gelenkigkeit an den Tag. Dennoch kann ein Schrubbelpfahl auf der Weide in dieser Hinsicht hilfreich sein.

Mit Wiederkäuen verbringen Schafe die meiste Zeit.

Wiederkäuen

Die Futteraufnahme geschieht wie bei allen Tieren – und im Übrigen auch beim Menschen: Sie beginnt im Maul und endet mit dem After. Damit sind aber auch schon alle Gemeinsamkeiten beschrieben, denn zwischen dem, was beim Mensch und bei Wiederkäuern zwischen diesen beiden Organen vorgeht und gemeinhin als Verdauung bezeichnet wird, liegen Welten – oder vielmehr: vier Mägen. Doch fangen wir von vorn an. Das Gebiss des Schafes ähnelt dem anderer Wiederkäuer, das heißt, anstelle der Schneidezähne im Oberkiefer haben Schafe eine Hornplatte. Mit ihren Lippen holen sie die Nahrung heran und rupfen oder knabbern sie dann ab. Gekaut wird auch, allerdings erst einmal recht oberflächlich. Dabei wird der Nahrungsbatzen ordentlich eingespeichelt und heruntergeschluckt. So weit gibt es noch Ähnlichkeiten mit nicht wiederkäuenden Wesen, nach etwa einer halben bis einer Stunde aber wird die Nahrung in kleinen Portionen noch einmal hochgewürgt und ein zweites Mal zerkaut und heruntergeschluckt – am liebsten geschieht dies, wie die alten Römer ihre Festgelage veranstalteten: im Liegen.

Was beim Menschen nach dem Kauen durch die Speiseröhre in den Magen rutscht, landet beim Schaf erst einmal im Pansen. Dieser Vormagen kann etwa 20 Liter der grünen vegetarischen Suppe fassen. Der Pansen funktioniert wie eine Gärkammer. Eine Unzahl von Bakterien und Einzellern spalten die langen Molekülketten der Zellulose, des Hauptbestandteils des Grünfutters, das für andere Geschöpfe nur schwer oder gar nicht verdaulich ist, auf und vergären sie. Dann wird der vorverdaute Brei wieder durch den Netzmagen und die Speiseröhre ins Maul gewürgt und nochmals etwa vierzig bis fünfzig Mal kräftig durchgekaut.

Anschließend kommen die drei anderen Mägen ins Spiel. Nach dem Wiederkäuen wandert der Speisebrei in den Blättermagen oder Psal-

Ohne Aufnahme von Wasser nutzen auch vier Mägen nichts.

Eine kleiner Nachtisch als Zusatzration nach dem Weidegang wird immer gern genommen.

ter, wo das Futter wie ein Sieb durchgedrückt wird, bis es schließlich im letzten Magen des Schafs, dem Labmagen, endet. Danach geht es nur noch durch Dick und Dünn, vielmehr zuerst den Dünn- und dann den Dickdarmkanal, wo die zerkleinerten Nährstoffe vom Körper aufgenommen werden, bis das Schaf schließlich die letzten Abfallstoffe ausscheidet – in Form von kleinen Pillen von dunkler bis schwarzer Farbe.

Bei dem ganzen Vorgang des Wiederkäuens spielt Wasser eine entscheidende Rolle. Genau berechnen lässt sich der Tagesbedarf eines Schafs nicht, da viel Wasser auch durch Tau und den Wasseranteil des Weidefutters aufgenommen wird. Zwei bis sechs Liter, je nachdem, wie und wo das Schaf lebt, trinkt es allerdings schon. Wichtig ist die Wasserqualität. Schafe haben ein feines Gespür für verunreinigtes Wasser. Es sollte darum täglich erneuert und darauf geachtet werden, dass das Trinkgefäß nicht verschmutzt ist. Ihren Mineralstoffbedarf können sie auch durch einen Leckstein decken.

Das alles hört sich in der Kurzbeschreibung recht schematisch und einfach an, ist in Wirklichkeit aber ein komplexer Prozess, bei dem jede Menge hoch spezialisierter Bakterien, Säuren und Enzyme im Spiel sind. Genau deswegen bedeutet eine Veränderung des Futters, die beispielsweise bei der Umstellung von Weide- auf Stallhaltung unausweichlich ist (Hobbyhalter, aufgepasst!), für das Schaf auch eine komplette Umstellung des Verdauungstrakts. Was dem Menschen eine freudige Abwechslung ist, wenn heute Gemüse und morgen ein Steak auf dem Teller liegt, ist dem Schaf ein wahrer Graus. Im schlimmsten Fall reagiert es mit ernsthaften Verdauungs- und Stoffwechselproblemen, die alles andere als harmlos sind.

Fortpflanzung

Im Normalfall liegt die Paarungszeit bei Schafen zwischen Oktober und November. Dieses saisonale Brunftverhalten ist von der Natur geschickt eingefädelt, denn so kommen die Lämmer nach etwa 150 Tagen Trächtigkeit zur Welt, wenn das Frühjahr Ende März, Anfang April schon ein üppiges Nahrungsangebot

Durch Flehmen erkennt der Bock, ob die Aue bereit zur Paarung ist.

parat hält. Es gibt allerdings auch Rassen mit asaisonalem Brunftverhalten. Dazu gehören beispielsweise Merinos und Skudden, die in einem Zyklus von etwa 21 Tagen brünftig werden.

Schafe werden mit etwa sieben Monaten geschlechtsreif, Bocklämmer beginnen sich aber bereits im zarten Alten von vier bis fünf Monaten für das andere Geschlecht zu interessieren. Wer Unruhe in der Herde vermeiden will, sollte diese frühreifen Bürschlein entweder gesondert halten oder – pardon – kastrieren (lassen). Kastrierte Böcke (Hammel) leben nämlich mit weiblichen Tieren in friedlichster Koexistenz zusammen.

Die Brunft selbst ist bei den Auen nicht so offensichtlich wie bei anderen Tieren. Sie werden etwas unruhiger, wedeln häufig mit dem Schwanz, meckern mehr als sonst und legen ein ausgeprägtes Gruppenverhalten an den Tag. Ist der willige Bock in der Nähe, haben sie auch keinerlei Skrupel, Artgenossinnen durch einen gezielten Kick zu verdrängen. Was für den Menschen nicht direkt ersichtlich ist, kriegt der Bock natürlich sofort mit. Durch Flehmen wittert er im Geruch des Urins der Damen, dass sie paarungswillig sind. Die Begattung selbst dauert nur wenige Sekunden. Bis es zu einer erfolgreichen Befruchtung kommt, können allerdings zehn Versuche durchaus normal sein. Dabei ist ein Schafbock allerdings recht potent, denn mit

Eine besondere Form von Woll-Lust

den zehn Versuchen allein ist es nicht getan. Bis zu vierzig Deckakte pro Tag sind keine Seltenheit. Sind mehrere Herren der Schafschöpfung im Spiel, wird der stärkste Bock den größten Teil der willigen Auen bespringen und den Rest seinen Nebenbuhlern überlassen. Bei der Auswahl seiner Partnerinnen ist der Begatter indessen nicht sonderlich wählerisch. Das Alter der Aue spielt keine Rolle, er wird sich aber eher für Partnerinnen der eigenen Rasse interessieren.

Kurz vor der Geburt wird das werdende Mutterschaf unruhig, scharrt mit den Vorderbeinen, legt sich häufig hin und steht ebenso oft wieder auf. Die meisten Rassen bringen ihre Lämmer problemlos und ohne Hilfe zur Welt. Das Tier sondert sich von der Herde ab und sucht sich ein ruhiges Plätzchen, allerdings immer mit Sichtkontakt zur Herde. Dieser Umstand sollte bedacht werden, wenn die Geburt nicht in freier Wildbahn, sondern einer Ablammbucht im Stall stattfindet. Stress vor der Geburt ist – fast eine Selbstverständlichkeit – zu vermeiden. Schafe gebären meist im Liegen. Hat alles seine Ordnung, dauert der ganze Vorgang eine bis anderthalb Stunden und das Lamm ist mit dem Kopf voran geboren. Mehrlingsgeburten sind bei Schafen keine Besonderheit, bei einigen Rassen sind Zwillings- oder Drillingsgeburten absolut keine Seltenheit. Ein Mehrlingslamm sollte keineswegs länger als 45 Minuten nach dem Erstling zur Welt kommen.

Schon wenige Minuten nach der Geburt steht das Muttertier wieder auf und beginnt, das Lamm trockenzulecken. Das hat nicht nur hygienische Gründe, sondern dient vor allem der Mutter-Kind-Bindung und hält das Neugeborene außerdem auf Temperatur, denn das Lamm darf keinesfalls auskühlen. Mit tiefer, gurgelnder Stimme

Muttertiere bauen nach der Geburt eine enge Beziehung zu ihrem Kind auf.

bringt das Muttertier seinen Lämmer-Lockruf an, was Mutter und Kind aufeinander prägt. Lebensschwache Lämmer erfahren von der Mutter nur wenig Aufmerksamkeit, auch das Zweit- und Drittgeborene muss hinter dem Erstgeborenen ein wenig zurückstehen.

Schon nach einer Viertelstunde versucht das Lamm aufzustehen und sucht den Euter der Mutter, um die erste Kolostralmilch aufzunehmmen. Diesen auch Biestmilch genannten Trank produziert das Muttertier nur kurz nach der Geburt und verpasst dem Neugeborenen damit die nötigen Abwehrkräfte gegen Stall- und andere Umweltkeime. Für den menschlichen Genuss ist diese Milch vollkommen ungeeignet. Typisch beim Säugen ist die verkehrt parallele Stellung von Lamm und Muttertier, bei der das Lamm seiner Mutter das Hinterteil zukehrt, sodass das Muttertier ihr Lamm auch in der Folgezeit leicht am Geruch erkennen kann.

Mutter-Kind-Beziehung

Die ersten Schlucke nach der Geburt stärken die Abwehrkräfte.

Die ersten Stunden nach der Geburt sind prägend für die Beziehung von Mutter und Kind, die im Übrigen lebenslang andauert. Während ein Lamm in den ersten drei Lebenstagen auch andere Schafe als Mutter akzeptieren würde (sogar eine Ziege kommt als potenzielle Chefin infrage), ist das Muttertier aufgrund von akustischen, optischen und olfaktorischen Kriterien bereits wenige Stunden nach der Geburt in der Lage, ihr Kleines zweifelsfrei zu identifizieren. Nach drei Tagen kann ein Lamm seine Mutter visuell erkennen, nach etwa vier Wochen erkennt es die Mutter auch anhand der Stimme.

Durch die verkehrt-parallele Stellung beim Säugen kann die Mutter am Geruch feststellen, dass sich nicht ein fremdes Lamm an der Quelle bedienen will.

Schon das erste Säugen lässt eine enge Beziehung zwischen Mutter und Kind aufkommen, die sich in den ersten Lebenswochen weiter festigt. Ein Lamm kann jederzeit bei der Mutter saugen, Zwillingslämmer werden nur noch gemeinsam zum Euter vorgelassen. Die ersten sechs bis acht Wochen verbringt ein Lamm damit, etwa fünfzehn bis zwanzig Mal pro Tag an die kostbare Milch der Mutter zu kommen, nach drei Monten lässt diese ihre Kinder nur noch etwa viermal pro Tag an ihre Milchquelle.

Nach einem halben Jahr ist die Säugezeit zu Ende. Das Muttertier bleibt bei einem Versuch des Kleinen nicht mehr stehen, sondern tritt

Als Jungtier darf man sich mit der Mutter noch einiges erlauben …

dieses nicht unbedingt sanft vom Euter weg.

Was erwachsene Schafe nicht machen, ist den Kleinen nicht fremd. Schnell schließen sie sich zu regelrechten Kindergärten zusammen, wo gespielt, gerauft und geklettert wird. Erst nach der Säugezeit verliert sich dieses Verhalten.

Auf der Hut vor dem Schaf

„Wenn die Hunde schlafen, hat der Wolf gut Schafe stehlen."

Es war eine ziemliche Aufregung, als im September 1786 in dem kleinen Ort Münsingen auf der Schwäbischen Alb reichlich erschöpfte Schäfer ankamen. Doch waren es weniger sie, die die Aufmerksamkeit auf sich zogen, vielmehr war es ihre kleine – inzwischen dezimierte – Schafherde, denn die bestand aus dem Feinsten, was damals an Wollproduzenten zu finden war: spanischen Merinos. Die Bauern der Gegend reagierten ablehnend, ihnen waren die einheimischen Landrassen für die Wollproduktion gut genug, als „Seidenhammel aus Spanien" wurde die neue Rasse verspottet. Nicht so von Carl Eugen, zwölfter Herzog von Württemberg, der in der feinen Wolle eine Marktnische witterte, weshalb er zwei zuverlässige Schäfer, begleitet – wohl eher kontrolliert – von zwei Beamten des Hofes ins kastilische Segovia geschickt hatte. Immerhin eine Strecke von 2000 Kilometern, und da Schafe eher ungern Kutsche fahren, wurde der Rückweg nach Münsingen komplett per pedes absolviert. 4000 Kilometer, ein hübsches Stückchen Wanderschäferei. Begleitet wurden Schafe und Schäfer wohl, wie es auch heute noch in der Hütehaltung üblich ist, von einem oder mehreren Hütehunden.

„Gut abgerichtete Schäferhunde von ächter Rasse sind sehr theuer und werden von Schäfern, die ihren Werth kennen, öfters mit 4—10 Louisd'oren bezahlt; sie sind aber auch um diesen Preis, wenn sie gehörig abgerichtet und vollkommen eingeübt sind, nicht zu

Ohne Hütehunde wäre die Wanderschäferei ein noch mühsameres Unterfangen, als sie es ohnehin schon ist.

Auch als Schaf muss man sich nicht alles gefallen lassen. Schon gar nicht von einem Tier, das nicht einmal Wolle trägt.

theuer, da ein einziger Hund so viel Dienste bei der Herde leistet, wie oft drei bis vier Menschen zu leisten nicht im Stande sind", weiß Gustav Heinrich Haumann im 1839 erschienenen Werk „Die Schafzucht" zu berichten. Und recht hat er. Schäferhunde bleiben immer bei der Herde, bei Tag und bei Nacht. Sie lärmen nicht und kläffen nicht nervös herum, denn sie wissen, dass das die Herde nur erschrecken würde. Sie kneifen und beißen nicht, es sei denn, ein unwilliges Schaf will partout aus dem Herdenverband ausbrechen und allein auf Erkundungstour gehen. Bei alledem gehorcht der Hütehund seinem Herrn nicht nur aufs Wort, sondern reagiert schon auf ein Augenblinzeln.

Das lernt man in keiner Hundeschule. Gefragt als Hütehunde sind wendige, meist mittelgroße Hunde. Weil sie in brenzligen Situationen eventuell auch eigene Entscheidungen treffen müssen, kann man noch lange nicht jede Hunderasse zum Hütehund machen. Die Liste reicht vom Australian Shepard über Bearded Collie und Border Collie bis hin zum Sheltie.

Schäferschweine hingegen kommen eher im Film denn in der Realität vor. Die Aufgaben der Hütehunde sind im Grunde die gleichen wie schon zu Carl Eugens Zeiten, bis auf die Tatsache, dass sie damals sowohl Schafe als auch Schäfer noch vor Wölfen, Dieben und anderem Gesindel schützen mussten.

Schafe halten
oder *Vom Wanderschaf zum Rasenmäher*

Für Schafe ist es um das Leben in Mitteleuropa eigentlich gar nicht so schlecht bestellt. Zwar leben sie hier auch nicht generell wie Gott in Frankreich unter einem Himmel voller Schäfchenwolken, aber Lammfleisch steht beim Fressfeind Mensch gegenüber Schweine-, Rind- und Geflügelfleisch nicht unbedingt hoch im Kurs. Bei einem durchschnittlichen Fleischkonsum in Deutschland von etwa 60 Kilogramm pro Person im Jahr ist Schaf- und Ziegenfleisch nur mit rund 700 Gramm beteiligt. Auch das Geschäft mit der Wolle lohnt sich ökonomisch nicht mehr wirklich. Milchprodukte vom Schaf sind zwar erhältlich, fristen aber eher einen überschaubaren Anteil in einer Marktnische; beim Thema Milchproduktion wird jedem Konsumenten erst einmal die Kuh einfallen. All dies hat das Schaf im Unterschied zu den oben erwähnten Spezies vor der Massentierhaltung bewahrt – wobei auch zu bedenken ist, dass eine große Herde beim Schaf nicht per se mit Massentierhaltung gleichzusetzen ist.

Dennoch gibt es den Trend, dass wirtschaftliche Gründe immer mehr kleinere Betriebe zwingen, die Schafhaltung einzustellen, während größere ihren Bestand weiter aufstocken.

Schafe werden heute jedoch nicht mehr allein aus ökonomischen Erwägungen gehalten, sondern

Ein Stall mit Ablammbuchten ist in der kalten Jahreszeit auch für Freilandschafe unabdingbar.

Die ursprünglichste Form der Haltung ist die Wanderschäferei.

nicht selten aus der Freude an den Tieren und der Begeisterung für das ländliche Leben. Wenn dabei noch die Wiese hinter dem Haus kurz gehalten wird, ein Strickpullover, ein Stück Schafskäse oder ein leckeres Lammkotelett abfällt – umso besser!

Grundsätzlich ist dagegen erst einmal gar nichts einzuwenden. Wer sich allerdings mit dem Gedanken trägt, ein Schaf anzuschaffen, um sein 50 Quadratmeter großes Rasenstück auch ohne elektrifizierten Rasenmäher in Schuss zu halten, dem sei gesagt: Lieber nicht. Denn wie bei jeder Anschaffung eines Haustieres sollte auch hier im Vorfeld wohlüberlegt sein, ob die Voraussetzungen für eine artgemäße Haltung gegeben sind und ob der oder die neuen Mitbewohner ausreichend Futter, Platz und Pflege bekommen. Ein Tier bedeutet in jedem Fall ständige Verantwortung und Verpflichtung, zumal bei Schafen, denn diese leiden meistens still.

Was also ist bei der Haltung von Schafen zu beachten? Schafe sind ausgesprochene Herdentiere. Allein verkümmern sie, und nur ganz wenigen Rassen wie Milchschafen liegt es im Blut, ihr Leben als Single zu fristen. Auch der Mensch als Ersatzschaf ist keine Alternative. Am liebsten ist Schaf unter seinesgleichen. Zwar können andere Haus- oder Nutztiere die Vereinsamung etwas mildern, optimal ist jedoch auch diese Kombination nicht. Und wer Platz für ein Schaf, ein Schwein und eine Ziege hat, dem sollte es an Platz für eine glückliche Schaffamilie auch nicht mangeln. Ein halbes Dutzend wäre eine angemessene Größe für eine – wenn auch kleine – Schafherde.

Über diese Größe kann man in der Wanderschäferei nur lächeln. Diese Form der Hütehaltung gibt es zwar heute noch, ist aber schon lange nicht mehr der Normalfall. Was äußerst romantisch aussieht, ist de facto ein knochenharter Job. Selbst wenn Schäfer heute mit Handy und GPS unterwegs sind – eine Herde mit 100 bis 200 Schafen im November in tiefer gelegene, mildere Tallagen zu führen, das ist weder Zuckerschlecken noch Schäferstündchen. Schon gar nicht, wenn die Herde in zersiedelter Landschaft an allen Ecken und Enden auf eine viel befahrene Straße trifft. Das war früher noch anders. Da holten sich Landwirte Schäfer und Herde auf den Acker, damit die Tiere den wertvollen Dünger im Pferch verbreiten konnten, der Schäfer und seine Hunde bekamen dafür Kost und Logis für eine Nacht. Auch die sogenannte Standschäferei ist eine Form der Weidehaltung, mit dem Unterschied, dass sie aus einer Kombination von freier Weide und Stallfütterung besteht.

Festzuhalten bleibt, dass Schafe eine weitläufige Weide brauchen, auf der sie ausreichend Nahrung und genügend Platz für ihren Bewegungsdrang finden. Insofern ist die Weidehaltung die einzig artgerechte Form der Schafhaltung. Auch die Koppelhaltung in den Küstengebieten Norddeutschlands fällt in diese Kategorie und ist eine hervorragende Kombination von artgerechter Haltung und Landschaftspflege.

Nun könnte man denken, dass ein Schaf ja schließlich genug Wolle hat und ergo auch im Winter das Plätzchen am wärmenden Kamin verschmäht. Mitnichten. Schafe sind tatsächlich recht wetterharte Tiere, und manche Rassen könnten ohne Murren und Blöken faktisch auch den Winter draußen verbringen. Da sie aber in die Obhut

Schafe sind soziale Wesen. Da nimmt man auch schon einmal in Kauf, dass das Gegenüber kein Schaf, sondern eine Ziege ist.

Wolle kann auch eine Last sein: Wer bis zu acht Kilo zusätzlich zu tragen hat, dem wird das Leben auch mit Seeblick manchmal schwer.

des Menschen gegeben wurden, muss man ihre Leidensfähigkeit nicht ausreizen. Ein Unterstand ist das mindeste, was man ihnen zu bieten hat.

Und mit der Wolle ist das so eine Sache: Im Winter kann das Tier auf das wärmende Fell nicht verzichten, im Hochsommer allerdings ist das Fell – wenn es denn noch nicht geschoren ist – für das Tier eine extreme Belastung. Bis zu acht Kilogramm wiegt die Wolle eines ausgewachsenen Wollschafs, und wenn es regnet, saugt sich das Fell voll wie ein Schwamm und wird um ein Vielfaches schwerer. Da wird auch das hartgesottenste Schaf lieber einen wasserfesten Unterstand aufsuchen, als den nicht vorhandenen Regenschirm aufzuspannen.

Dass die Weide eingezäunt sein sollte, versteht sich von selbst. Und dass das Gras auf der anderen Seite des Zauns irgendwie immer besser ist, das wissen auch Schafe. Bei der Umzäunung ist darauf zu achten, dass nicht nur ausgewachsene Schafe von Neugier getrieben werden können, denn vor allem Lämmer büchsen durch zu grobflächige Maschen gern aus, verletzten sich im schlimmsten Fall sogar. Um eine Über- oder Unterbeweidung zu verhindern, bietet sich auch die Parzellenbeweidung an, bei der die Weidefläche in mehrere Standweiden eingeteilt wird.

Eine Stallhaltung ist dann angebracht, wenn in der kalten Jahreszeit nicht ausreichend Futter auf der Weide zu finden ist oder eine Außenfütterung zu aufwendig wäre. Und auch wenn die Tiere üblicherweise im Mai geschoren werden, kann es Mitte Juni durchaus noch einmal zu der Schafskälte mit empfindlichen Temperaturen kommen. Kranke oder ablammende Tiere sind im Stall ebenfalls besser aufgehoben, und wer sich Schafe zwecks Milchgewinnung hält, wird allein aus hygienischen Gründen nicht auf einen Stall verzichten können.

Neben einem ausgewogenen Stallklima, das vernünftige Temperaturverhältnisse und trockene Liegeplätze garantiert, ist vor allem wichtig, dass die Schafe ausreichend Fütterungseinrichtungen und genügend Lauf- und Liegefläche zur Verfügung haben. Ein Anbinde- oder Boxenstall, wie man ihn oft in der Intensivtierhaltung findet, verbietet sich von selbst.

Überhaupt ist das Anbinden von Schafen keine art- und naturgerechte Haltungsform, auch wenn das sogenannte Tüdern früher, als

Schafe sind neugierige Tiere. Eine Anbindehaltung wäre alles andere als artgerecht.

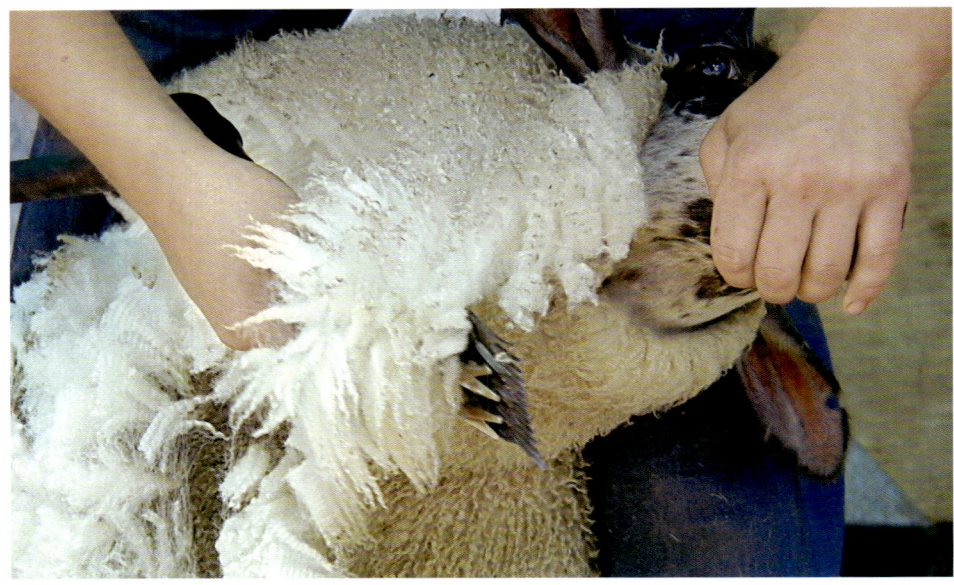

Meistens im Mai wird das Schaf von seiner Wolle befreit.

das Schaf noch häufig zum Nebenerwerb genutzt wurde, in einigen Regionen durchaus üblich war. Abgesehen davon, dass eine ausreichende Trinkwasserversorgung nicht gewährleistet werden kann, wenn das Tier an einem drei bis vier Meter langen Seil an einem Pflock festgebunden ist, kann man sich vorstellen, welche Panik das Tier ergreift, wenn es – der Fluchtmöglichkeiten beraubt – von einem frei laufenden Hund besucht wird.

All dies sind Probleme, die sicherlich auch in der Hobbyschafhaltung gemeistert werden können. Aber unbedacht und nur von Sympathie getrieben, kann die Anschaffung von Schafen für den Halter eine Freude, für das Tier aber eine Qual sein. Doch holt man sich zuvor an geeigneter Stelle Rat und verfügt über die notwendigen Voraussetzungen, wird es auch nicht so weit kommen, dass das Schaf Johann Wolfgang von Goethe zitieren muss, der im „Brief des Pastors" meinte: „Freilich ist's auch kein Vorteil für die Herde, wenn der Schäfer ein Schaf ist."

Lebensschwache Tiere werden von der Mutter oft nicht ausreichend gesäugt. Dann hilft nur der Griff zur Flasche.

Wer Schafe bisher nur an der flachen Nordseeküste gesehen hat, wird über-rascht sein, wie sicher und behende sich diese Tiere auch in gebirgigen Regionen bewegen.

Haustierrassen
oder Neidhammel, Streithammel und Leithammel

Bei Schafen ist es wie bei Menschen: Keines gleicht dem anderen. Die Tiere untescheiden sich in spezifischen Merkmalen wie Farbigkeit, Größe, Wuchs, Gesichtsform, Art und Beschaffenheit der Wolle, Eignung für bestimmte Haltungsformen oder Fruchtbarkeit. Da Schafe aber eben auch hin und wieder in der Pfanne enden, gehören auch Kriterien wie Mastleistung und Schlachtausbeute dazu.

Mögen sie auch zum Kuscheln animieren, so sind Schafe doch Nutztiere, und nutzen lassen sie sich – von Nebenprodukten wie Dung oder immateriellen Leistungen wie ihrem Beitrag zur Landschaftspflege einmal abgesehen – im besten Fall auf dreierlei Arten: Man züchtet sie, um sie hinterher zu verspeisen, man hält sie, um aus der Milch Folgeprodukte zu erzeugen, man schert sie, um aus ihrer Wolle Textilien zu produzieren. Je nachdem, welche dieser Kriterien auf eine Rasse zutreffen, spricht man auch von Ein-, Zwei- oder Dreinut-

zungsrassen. Zwar leidet das Schaf nicht so sehr wie andere Nutztiere unter dem Trend zur entwürdigenden Massentierhaltung, doch hat die Züchtung nach Wirtschaftlichkeit dazu geführt, dass manche Rassen im Laufe von Jahrhunderten von der grünen Bildfläche verschwunden sind. Besonders in den hoch industrialisierten Ländern gab und gibt es Landrassen, die, mögen sie auch noch so originell sein, inzwischen auf der Liste der gefährdeten oder bedrohten Rassen stehen und deren Überleben nur der Initiative engagierter Züchter oder Liebhaber zu verdanken ist. Bei insgesamt etwa 600 bekannten Schafrassen konzentrieren sich die folgenden Porträts auf die Rassen, die man heute – wenn auch oft nur vereinzelt – noch öfter auf der Koppel sieht, und berücksichtigt dabei auch solche, die sich für die Hobbyhaltung eignen. Dabei wollen wir nicht vergessen, dass Schafe – egal welcher Rasse sie angehören – nicht immer nur nach ihrem Marktwert und ihrer Wirtschaftlichkeit gemessen werden sollten, sondern dass sie den Menschen, ihren oft ärgsten Feind, einfach auch durch ihr Dasein erfreuen können.

Hinter dem Begriff „Schaf" vermutet man meist ein dickes Wollknäuel. Dabei können Schafe ganz unterschiedlich aussehen.

Merino-Rassen

Merinos sind der Inbegriff des Schafs. Das mag auch daran liegen, dass Merinoschafe in Deutschland mit etwa 30 Prozent die am weitesten verbreitete Rasse stellen. Der Name leitet sich ab von der Berberdynastie der Meriniden, die im 12. Jahrhundert im Zuge der islamischen Expansion von Nordafrika aufs europäische Festland kam. Im Gepäck hatten die Invasoren nicht nur Krummschwerter, sondern auch ihre feinwolligen Schafe. Im Zuge der Reconquista wurden die muslimischen Eroberer zwar wieder vertrieben, die Schafe aber blieben in ihrer neuen Heimat, wurden mit einheimischen Landschlägen gekreuzt, und viele feinwollige Zeitgenossen unter den Schafen erblickten das Licht der Welt.

Für Spanien eine äußerst gewinnbringende Situation, denn die Schafzucht stand unter dem Schutz der kastilischen Könige, die eigens dafür den *Honrado Concejo de la Mesta,* die Vereinigung der Schafzüchter, einsetzte, eine einflussreiche Organisation, die immerhin mehr als 500 Jahre von 1273 bis 1836 bestand. Die Mesta organisierte die alljährliche Transhumanz, bei der die riesigen Schafherden von Andalusien und der Extremadura nach Kastilien getrieben wurden. Das war nicht nur eine erhebliche Anstrengung für Mensch und Tier, sondern vor allem ein einträgliches Geschäft für die Besitzer der großen Ländereien, die von den Herden durchquert werden mussten und die meist im Besitz von Kirche und Hochadel waren.

Man muss sich vor Augen halten, dass diese Schafherden Kastiliens wirtschaftlicher Stolz und einträgliche Einnahmequelle zugleich waren. Immerhin handelte es sich um einen Bestand von nahezu drei

Folgende Doppelseite: Merinos sind ausdauernde Tiere: In Spanien legen sie auch heute noch weite Strecken in unwegsamem Gelände zurück.

bis vier Millionen Tieren. Unter Androhung von Todesstrafe verbot die Mesta den Export von Zuchttieren. So blieben die Merinos im Land, die Wolle aber konnte gewinnbringend ins Ausland verkauft werden, zumal die inländische Tuchfabrikation so viel Wolle aus infrastrukturellen Gründen gar nicht verarbeiten konnte.

Gegen Ende des 18. Jahrhunderts ging das Monopol seinem Ende entgegen: Andere Schafwolle, besonders die aus England, war der spanischen mindestens ebenbürtig, und in der Baumwolle hatte der feine Schafszwirn einen ernstzunehmenden Konkurrenten gefunden. Im Zuge dieser Entwicklung verbreitete sich das Merinoschaf schnell im übrigen Europa und wurde in die jeweils einheimischen Rassen eingekreuzt, wobei es Ruf und Rolle als Veredler mehr als gerecht wurde. Ab 1860 existierten diese Zuchtlinien auch in Deutschland, und so entwickelten sich die drei Merino-Varianten **Merinofleischschaf**, **Merinolandschaf** und **Merinolangwollschaf**.

Letzteres ist die jüngste Rasse, die für die Erzeugung fleischreicher Lämmer und kammfähiger Halbfeinwolle geeignet ist. An Kombina-

Das Merinofleischschaf ist eine Zweinutzungsrasse, denn natürlich wird auch die Wolle des Tieres genutzt.

Merinolandschafe sind heute in Deutschland die am weitesten verbreitete Rasse.

tionskreuzungen war vor allem das Merinolandschaf, die häufigste Rasse Deutschlands, beteiligt. Merinolandschafe sind äußerst widerstandsfähig. Wer mehrere Jahrhunderte auf spanischen Triftwegen herumvagabundieren musste, hat eine gewisse Anpassungsfähigkeit im Blut. Zudem sind sie äußerst fruchtbar und entsprechen dennoch den beiden Nutzungszielen Fleisch- und Wollertrag.

Das Merinofleischschaf, eine Züchtung aus deutschem Merinokammwollschaf und französischen und englischen Zweinutzungsrassen, ist dagegen heute vom Aussterben bedroht. Ursachen für den Rückgang sind – wie fast immer – wirtschaftlich bedingt: Der Preis für Wolle ist indiskutabel und die Fleischleistung anderer Rassen schlichtweg effektiver. 2005 gab es nurmehr 87 männliche sowie 4045 weibliche Herdbuchtiere dieser Rasse.

Fleischschafe

Mit etwa 17 Prozent ist das **Schwarzköpfige Fleischschaf** nach dem Merinolandschaf die in Deutschland zweitpopulärste Schafrasse. Der hornlose Kopf und die Beine sind schwarz und meist stark bewollt. Die Züchtung begann Mitte des 19. Jahrhunderts in Westfalen durch die Einkreuzung von englischen Fleischschafrassen. Mit Wolle war so recht nichts mehr zu verdienen, sodass die zunehmende Bedeutung der Fleischerzeugung in den Vordergrund trat. Unter Einfluss englischer Hampshires, Oxfords und Suffolks gezüchtet, ist es mit seinem breiten Rumpf und dem langen Rücken sowie den vollen Keulen als Fleischlieferant bestens geeignet.

Eine ganz ähnliche Geschichte hat das **Blauköpfige Fleischschaf,** nur dass es eben da, wo sein schwarzköpfiger Verwandter schwarz trägt, schiefer- bis taubenblau gefärbt ist. In Deutschland wird die Rasse seit den späten 1970er-Jahren gezüchtet; verbreitet ist sie vor allem in Westfalen, Niedersachsen und im Emsland. Wegen seiner Widerstandsfähigkeit kann der Blaukopf auch unter ungünstigen klimatischen Gegebenheiten auf der Koppel gehalten werden. Mutterschafe

Schwarz- und Blauköpfige Fleischschafe haben eine ganz ähnliche Statur. Nur die Farbe des Kopfes unterscheidet sie.

und Jährlingsböcke bringen bis zu 100 Kilogramm auf die Waage. Bei der Tierzucht spielen nationale Ressentiments nur selten eine Rolle, und so sind die Blauköpfe eine englisch-französische Koproduktion. Von der Insel ist vor allem das Wensleydale beteiligt, eine selbst dort sehr seltene Rasse, die in der hügeligen Landschaft von Yorkshire zu finden ist und deren auffälligstes Merkmal die an Dreadlocks erinnernden korkenzieherartig gekräuselten Wollsträhnen sind. Für die kontinentale Seite war das Bleu du Maine verantwortlich, eine französische Lokalrasse an der Atlantikküste.

Der dritte im Bunde ist das **Weißköpfige Fleischschaf**, von dem es nur noch rund 1750 Tiere in Deutschland gibt. Es handelt sich um ein frohwüchsiges, widerstandsfähiges und gut bemuskeltes Fleischschaf, das speziell für die Beweidung in einem feuchten Klima geeignet ist. Dementsprechend ist es in den Marschen an der Nordseeküste, an Weser und Elbe sowie im Osten Schleswig-Holsteins verbreitet. Die Rasse weist eine hohe Krankheitsresistenz auf und gilt gemeinhin als sehr fruchtbar. Grundlage für die Rasse waren die lokalen Marschschafrassen an der Nordseeküste. Im Laufe der Geschichte kam es jedoch immer wieder zu den unterschiedlichsten Einkreuzungen, so mit den englischen Leicesterschafen, die sich aber als recht ungeeignet erwiesen, weil die feinen Engländer für die rauen Umgebungsbedingungen zu anspruchsvoll und empfindlich waren. Später kamen noch Linien der französischen Rasse Berrichone du Cher sowie holländische Texelschafe hinzu.

Als 1859 auf der Ausstellung der Royal Agricultural Society zum ersten Mal **Shropshire-Schafe** vorgestellt und auch gleich als eigene Rasse anerkannt wurden, konnte noch niemand die steile Karriere

Die Grafschaft Shropshire liegt in den West Midlands von England. Wegen ihrer zahlreichen Bodenschätze gilt sie als Ausgangspunkt der industriellen Revolution in England. Davor war die agrarisch geprägte Region aber vor allem wegen ihrer Schafe berühmt.

dieser Rasse vorausahnen, die bis zur Jahrhundertwende die zahlenmäßig am meisten verbreitete Rasse nicht nur in England, sondern auch in den USA werden sollte. Grundlage war die gleichermaßen gute Woll- wie auch Fleischleistung der Zweinutzungsrasse. In den ersten Jahrzehnten des 20. Jahrhunderts züchtete man besonders die Wollleistung heraus. Ein fataler Fehler, wie sich zeigen sollte, denn der dichte Wollbehang der Tiere verlangte nach einer aufwendigen Scherprozedur. In ihrem Mutterland ging der Bestand bis in die 1990er-Jahre so weit zurück, dass der „Rare Breeds Survival Trust" die Rasse als gefährdet einstufte.

Doch eine besondere Eigenschaft brachte die Shropshires wieder in Schwung: Man entdeckte, dass sie im Gegensatz zu allen anderen Schafrassen weder an Nadelgehölz noch an Obstbaumrinden irgendwelches Interesse zeigen und sich daher bestens zur Beweidung von Koniferenkulturen und Obstbaumplantagen eignen. Das reinweiße

In ihrer Heimat als bedrohte Rasse eingestuft, ist das Shropshire heute vor allem im Mittelwesten der USA und in Dänemark verbreitet.

Vor allem in Einkreuzungen mit Merinos liefern Suffolks eine hervorragende Wollqualität ...

... dennoch wird das Suffolk heute vornehmlich als Fleischrasse gezüchtet.

Vlies geht häufig bis in die Stirn, die guten Muttereigenschaften, eine hervorragende Milchleistung und das ruhige Verhalten machen das Shropshire für die Herdenhaltung attraktiv.

Bei den **Suffolks** tragen weder Schafe noch Widder Hörner. Das ist vielleicht auch besser so, denn ausgewachsene Zuchtböcke können ein Lebendgewicht von über 200 Kilogramm erreichen, und selbst Jährlinge sind mit 100 Kilogramm und mehr rechte Kaventsmänner. Der Kopf, die Beine und die Sprunggelenke sind unbewollt und pechschwarz; in seinem Äußeren ähnelt das Suffolk dem Schwarzköpfigen Fleischschaf. Es handelt sich um eine altehrwürdige englische Rasse, die durch Selektion aus den Rassen Norfolk und Southdown entstand: Die Suffolk Sheep Society wurde 1886 gegründet, das erste Herdbuch mit 46 registrierten Herden 1887 veröffentlicht. Heute ist die Rasse in vielen Ländern der Welt verbreitet, denn die widerstandsfähigen Schafe kommen mit fast jeder Art von Boden oder Klima zurecht. Sie werden heute häufig zur Verbesserung der Schlachtkörperqualität eingesetzt.

Die Heimat des **Texelschafs**, auf Niederländisch Texelaar, ist – wie der Name bereits verrät – die niederländische Insel Texel. Bis 1845 galt dort ein striktes Einfuhrverbot, dessen Aufhebung zu Kreuzungen mit Artgenossen von einer

anderen, etwas größeren Insel führte: Vor allem englische Leicester-
und Lincoln-Schafe waren es, die die Voraussetzungen für den kome-
tenhaften Aufstieg der Inselschafe schufen. In den Niederlanden ist
die Rasse bis heute die bei weitem am häufigsten anzutreffende. In
den 1960er-Jahren gelangten Texelschafe auch nach Deutschland,
dort blieb ihr Verbreitungsgebiet aber auf den Norden beschränkt.
Vor allem in den Küstenregionen Schleswig-Holsteins sind sie anzutreffen, und auf zahlreichen Nordseeinseln halten sie auf den Deichen
das Gras kurz und die Narbe fest und finden dabei in dem futter-
wüchsigen Grünland ganz hervorragende Nahrungsbedingungen.
Fast immer werden sie auf der Koppel gehalten. Neben diesen natur-
schützerischen Aufgaben sind es Fleischschafe mit außergewöhnli-
cher Bemuskelung und Fleischfülle. Die großrahmigen, kräftigen
Schafe haben eine Widerristhöhe von 70 bis 80 Zentimetern. Damen
wiegen um die 80, die Herren der Schafschöpfung um die 120 Kilogramm. Zu erkennen sind sie an ihrem keilförmigen, hornlosen

*Texelschafe sind in den
Niederlanden und an
den deutschen Nordsee-
küsten ein vertrauter
Blickfang.*

Kopf, wobei an Maul und Ohren schon einmal dunkle Pigmentierungen auftreten können. Ansonsten sind die bewollten und unbewollten Körperteile reinweiß. Der Wollertrag erwachsener Tiere liegt bei vier bis sechs Kilogramm. Auch wenn die Texelschafe heute jeden Nordseetouristen erfreuen, die weitaus größte Zahl von ihnen gibt es in Neuseeland und Australien.

„Zwart" heißt „schwarz" und „bles" heißt „Blesse": Das versteht auch der Nicht-Niederländer rasch – und für den Schaf-Laien ist es durch dieses auffällige Erkennungszeichen ganz einfach, ein **Zwartbles** zu erkennen. Typisch sind die Abzeichen des Tieres, eine weiße Blesse am Kopf (der keine Hörner trägt) sowie mindestens zwei weiße Fesseln und eine weiße Schwanzspitze. Bei so viel Weiß fehlt noch das Schwarz, doch das ist schnell erklärt: Die Rasse hat schwarzbraune Wolle,

Zwartbles-Schafe können äußerst zutraulich werden, weshalb sie in der Hobbyhaltung eine beliebte Rasse sind.

die im Alter an den Spitzen ausbleicht. Frisch geschoren sind die Schafe fast schwarz. Alt ist die Rasse noch nicht, erst in den 20er-Jahren des 20. Jahrhunderts wurden die Zwartblessen aus dem holländischen Schoonebeeker, dem Texelschaf und Milchschafen herausgezüchtet. Gab es in den Niederlanden in den 1970er-Jahren erst etwa 500 Zwartblessen, waren es zwei Jahrzehnte später schon 5000 Mutterschafe und 450 Zuchtböcke. In Deutschland ist die Rasse nur in kleineren Beständen verbreitet, bei Hobbyhaltern aber sehr beliebt,

Zwartblessen sind als Hochleistungstiere gezüchtet und stellen, was Fütterung und Haltung angeht, besondere Anforderungen.

und das gleich aus mehreren Gründen: Es sind Tiere von außerordentlicher Fruchtbarkeit. Zudem gelten sie als robust und anspruchslos, was verschiedene Haltungsformen begünstigt.

Als wohlschmeckendes *Filet Bourguignonne* ist das Fleisch des Charolaisrindes über die Grenzen Frankreichs hinaus weltberühmt geworden. Dass es auch eine Schafrasse gleichen Namens gibt, ist hingegen weniger bekannt. Dabei dient das **Charolaisschaf** einem ähnlichen Zweck wie sein wiederkäuender großer Namensvetter: Es wird als Fleischschaf gezüchtet und ist in Frankreich und der Schweiz, dort als **Charolais Suisse,** verbreitet.

In Deutschland ist das Schaf mit seinem langen, breiten Rücken, den muskulösen Schultern und den vollen Keulen eher unbekannt. Dabei ist es bestens für die Koppelhaltung geeignet, nur in unwegsamem Gelände fühlt sich das Charolaisschaf nicht sonderlich wohl. Der hornlose Kopf ist mittellang und unbewollt, das Vlies reinfarbig weiß.

Das **Ile-de-France-Schaf** gehört ebenfalls in die Kategorie der Schafe, die vorrangig zur Fleischerzeugung gezüchtet werden. Das widerstandsfähige, fruchtbare Schaf ist für seine guten Muttereigenschaften bekannt. Ähnlich wie beim Charolais ist der Kopf weiß, hornlos und der Körper von strahlend weißer Wolle überzogen. Was sich ureigen französisch anhört, ist in Wirklichkeit eine internationale Koproduktion: Die ersten Ile-de-France-Schafe nämlich waren ab 1830 in Rambouillet das Ergebnis der Kreuzung englischer Dishleys und spanischer Merinos. Ganz unfranzösisch ist auch die Anpassungsfähigkeit: Ob Stall-, Koppel- oder Hütehaltung ist den Ile-de-France-Schafen egal. Vor allem in Osteuropa ist die Rasse ein gern gesehener Gast, wenn es um die Verbesserung von einheimischen Landschafrassen geht.

Milchschafe

Wie schnöde, im Schaf immer nur den Woll- und Fleischlieferanten zu sehen! Schließlich gibt es doch auch wohlschmeckende Milch- und Käseerzeugnisse vom Schaf. „Butter von Kühen und Milch von Kleinvieh, dazu das Fett von Lämmern und Widdern", heißt es im

*Das Ostfriesische Milch-
schaf gehört zu den
wenigen Rassen, die
nicht ganz so viel Wert
auf ein Miteinander
legen. Man kann es auch
als Einzeltier halten.*

5. Buch Mose 32, 14, was belegt, dass Schafe auch in der Bibel einmal ausnahmsweise nicht nur sterbend und als Opfertier vorkom-
men. Auch die Griechen und Römer, egal ob Aristoteles, Varro oder
Plinius, lobhudeln den Schafskäse, Beschreibungen über die Haltung
von Milchschafen sind in Handschriften über das ganze Mittelalter
hin zu finden. Ab 1800 wurden die Milchschafe dann auch rassetech-
nisch behandelt.

Fast die einzige Rasse, die in unseren Breitengraden für derartige
Zwecke geeignet ist, ist das **Ostfriesische Milchschaf**. 400 bis 500
Kilogramm Milch pro Jahr, und das mit einem Fettgehalt von fünf
bis sechs Prozent, das ergibt schon eine Menge Butter und Käse.
Zugegeben, mit einer Hochleistungskuh vom Typ Holstein Friesian,
die bis zu 13 000 Kilogramm pro Jahr produziert, kann ein kleines
ostfriesisches Schaf nicht mithalten. Dafür hat es aber pro Jahr noch
sechs Kilogramm Wolle zu bieten, und spätestens da macht die Kuh
Muh und hat nur noch wenig entgegenzusetzen. Die Wolle ist meist

weiß, denn obwohl es die Rasse in weißer wie in schwarzer Färbung gibt, sind reinrassige schwarze ostfriesische Milchschafe selten zu finden – in Deutschland gibt es nur etwa 500 von ihnen. Spricht man unter den Turnjüngern Friedrich Jahns von den vier F, sind es beim Ostfriesischen dessen drei: Es gilt als fruchtbar, frühreif und frohwüchsig. Typisch ist der leicht ramsnasige, unbewollte Kopf mit großen Augen und stark entwickelten Tränendrüsen. Der Schwanz ist lang und unbehaart. Im Marschenland Ostfrieslands wurde die Rasse herausgezüchtet, die das Deutsche Milchschaf schlechthin darstellt. Tatsächlich versuchte man 1979, das Ostfriesische Milchschaf von der Nomenklatur in selbiges umzubenennen. 1985 sah man ein, dass der neue Name der Rasse sich nicht durchsetzen konnte, und so gibt das Ostfriesenschaf noch heute Milch unter dem alten Namen. Etwa

Die Palette an Schafskäsesorten ist groß und reicht von Weich- bis zu Hartkäsen.

4 Prozent des Gesamtschafbestandes in Deutschland macht das Milchschaf aus.

Wenn eine Rasse dem Ostfriesen in Sachen Milchleistung Paroli bieten kann, sind es bestenfalls die **Walachenschafe**, aus deren Milch man aber keine Massenprodukte herstellen kann, denn es handelt sich um eine extrem seltene und gefährdete Rasse. Die genügsamen und wetterharten Tiere sollen angeblich zwischen dem 13. und 16. Jahrhundert mit rumänischen Hirten aus den Karpaten in die Slowakei gekommen sein und verbreiteten sich im Zuge der Schafgeschichte über die Tschechoslowakei und Polen. Dort sind aber keine reinrassigen Bestände mehr zu finden, die letzten etwa hundert Artgenossen werden in Deutschland gehalten. Dass es Abkömmlinge der Zackelschafe sind, sieht man ihrem Äußeren an: Die Böcke haben prächtige spiralförmig gewundene Hörner, die weiblichen Tiere sind oft unbehornt. Das Vlies aus langer Mischwolle ist weiß, seltener grau, die behaarten Körperteile häufig gesprenkelt. Wer die Tiere melken will, muss flink sein, denn Walachenschafe sind temperamentvoll, scheu und vorsichtig.

Europäische Landschafrassen

Ein echter Highlander ist das **Scottish Blackface**. Der Ursprung der Rasse ist nicht mehr genau herzuleiten. Als sicher aber gilt, dass die Rasse schon im 12. Jahrhundert von Mönchen gezüchtet wurde, die sich aus der Blackface-Wolle nicht nur ihre eigene Kleidung herstell-

Die schottischen Schwarzgesichter sind in England weit verbreitet, in Deutschland findet man sie vornehmlich in der Hobbyschafhaltung.

ten, sondern diese – geschäftstüchtig, wie Kirchenleute nun einmal sein können – auch noch exportierten. Auch James IV. von Schottland, von späteren Historikern als fähigster König Schottlands gepriesen, soll eine Herde von 5000 Blackface gehalten haben. Heute stammen 40 Prozent der Wollproduktion Schottlands und 12 Prozent des gesamten Vereinigten Königreichs von dieser Hochlandschafrasse. Dass sich eine nicht zum Hochleistungstier getrimmte Landschafrasse einen solchen Stellenwert erarbeiten konnte, spricht für die Qualität der Tiere. Das Blackface ist ein mittelgroßes, mischwolliges Schaf mit einem ramsförmigen, breiten, schwarz-weiß gefleckten Kopf. Die Grundbedingungen für ein Überleben im schottischen Hochland erfüllt es in höchstem Maße: Robust, genügsam und unanfällig gegen Krankheiten ist es – ob es auch trinkfest und dem Whisky nicht abgeneigt ist, konnte bisher nicht zweifelsfrei festgestellt werden. Damit es auf dem unwegsamen Gelände in den schottischen Highlands nicht ins Straucheln kommt, sind die Klauen besonders fest, bei älteren Widdern kann sich das Gehörn auch schneckenförmig entwickeln.

Aus einer ähnlichen Ecke der Weltgeschichte kommt das **Soay-Schaf**. Zunächst einmal: Es ist klein. Mit einer Widerristhöhe von um die 50 Zentimetern und einem Gewicht um die 25 Kilogramm ist es äußerlich gegenüber anderen Artgenossen fast schon zwergenhaft, ohne allerdings jemals auf Kleinwüchsigkeit hin gezüchtet worden zu sein. Ähnlich interessant wie sein Aussehen und sein Verhalten sind die genealogischen Ursprünge: Denn seit dem Neolithikum hat sich die Rasse – wenn sie denn nicht, wie im letzten Jahrhundert des Öfteren geschehen, mit anderen Rassen gekreuzt wurde – kaum verändert. Der Grund liegt im einsamen Inseldasein, denn die Soays stammen von dem etwa 100 Hektar großen Eiland Soay (nordisch für Schaf), das zu dem entlegenen Sankt-Kilda-Archipel nordwestlich von Schottland gehört. Der Genbestand legt an den Tag, dass Soays noch stark dem Mufflon ähneln. Der wilde Charakter war und ist aber offensichtlich kein Hinderungsgrund, Soays vor allem in der Hobbyhaltung auch im Rest der Welt zu halten. Für den Anfänger sind die Tiere dabei keines-

Selbst dem Lamm der Rasse Soay kann man schon ansehen, dass es sich einmal zu einem zähen und widerstandsfähigen Tier entwickelt.

wegs einfach. Sie werden weder zahm noch sonderlich zutraulich, sondern bleiben aufmerksam und legen ihren Schutzinstinkt kaum ab; bei Gefahr geben sie sogar einen Warnpfiff durch die Nase ab. Wer auf Wolle von Soays spekuliert, wird enttäuscht: Die Tiere gehören zu den Haarschafrassen, die im Frühjahr ihr Wollkleid von selbst abwerfen. Eine Schur ist also nicht nur nicht notwendig, sondern schlichtweg unangebracht. Zwar soll das Fleisch äußerst delikat sein,

Für die Hobbyhaltung sind Soays nur bedingt zu empfehlen, denn der Wildcharakter liegt der Rasse noch im Blut.

aber vielleicht sollte man die Rasse doch besser dort grasen lassen, wo sie schon seit fast fünf Jahrtausenden ihr wildes Leben fristen: auf den unwegsamen Inseln von Sankt Kilda.

Wenn es schwarze Schafe tatsächlich geben sollte, dann dürften sie aus Wales stammen: Selbst die Innenseite des Mauls und die Zunge des **Black-Welsh-Mountain-Schafes** sind pechschwarz. In Deutschland wird die kleinrahmige Rasse kaum gehalten, vielleicht mag das Tier das raue walisische Klima einfach lieber, denn dort kann es seine positiven Seiten besonders gut herauskehren: Es ist widerstandsfähig, unanfällig gegen Krankheiten und für das ungemütliche Klima im Hochland wie geschaffen. Aus der feinen Wolle lassen sich angeblich die besten Strickpullover der Welt herstellen. Die Widder sind gehörnt, die Damen tragen hornlos.

Das erste Herdbuch für **Herdwicks** in Deutschland wurde im Jahr 2007 eröffnet, als ein Schafliebhaber in Wulsbüttel zwischen Bremen und Bremerhaven zwanzig Tiere aus England

Im Gegensatz zu den Böcken tragen Herdwick-Damen keine Hörner, sind dafür aber äußerst kräftige Tiere.

importierte. Dort wurde die alte Landrasse 1840 erstmals schriftlich erwähnt und ist seit 1916 als Rasse anerkannt, heute aber in ihrer Existenz bedroht. Die robusten Tiere sind Mitbringsel der Wikinger, die im 9. Jahrhundert im Lake District siedelten; der Name Herdwick geht auf das norwegische „Herd-Vik", was so viel wie Schaf-Farm bedeutet, zurück. Die Lämmer werden mit dunklem Vlies geboren, das im Laufe der Jahre immer heller wird. Es handelt sich um eine robuste und widerstandsfähige Rasse, die ganzjährig draußen gehalten werden kann. Das scheint ihnen sogar regelrecht zu gefallen, was sie durch den ihnen eigenen lächelnden Gesichtsausdruck dokumentieren. Böcke können gehörnt oder hornlos sein, bei den Auen sind Hörner oder Hornansätze verpönt.

Typisch für Herdwicks ist ihr lächelnder Gesichtsausdruck, den sie selbst unter widrigen Bedingugen wie in ihrer Heimat, dem englischen Hochland, nicht verlieren.

Ebenfalls aus England stammen die **Ryeland-Schafe**. Die ältesten Nachweise belegen, dass es sie schon im 12. Jahrhundert in Herefordshire gab. Zwar ist man sich nicht sicher, doch ihr Aussehen legt nahe, dass sie auf irgendeine Art etwas mit den Merinos zu tun haben, die über Spanien nach England gelangten. Wäre es biologisch nicht ganz unmöglich, könnte bei der Entstehung der Ryelands auch

ein Teddybär mitgewirkt haben. Am häufigsten verbreitet sind die weißen Ryelands, schwarze oder braune Varianten finden sich seltener, doch unabhängig von der Farbe weist die Wolle eine hervorragende Qualität auf.

Neben den Merinolangwollschafen trägt wohl kaum eine Rasse ein derart ausgeprägtes Vlies wie das Ryeland.

Normalerweise sollte man denken, dass die Natur schon alles richtig macht. Bei den **Jakobschafen** aber kann man zumindest ins Grübeln geraten: Denn die imposanten Hörner der Jakobschaf-Böcke – und es können bis zu beeindruckende sechs Hörner sein – sind manchmal so lang, dass sie schon bei der Futteraufnahme stören. Der Name leitet sich vom biblischen Jakob her, der aus der Herde Labans die gefleckten Tiere bekam. Und in der Tat ist das gefleckte Vlies mindestens ebenso imposant wie das Gehörn. Es muss sich um eine recht alte Rasse handeln, denn Ausgrabungen in China und Persien belegen, dass es vor 4000 Jahren dort bereits Schafe mit ganz ähnlichem Aussehen gegeben hat. Irgendwann muss es dann nach England gekommen sein, wo es heute neben der Landschaftspflege vor allem zur Wollgewinnung dient. Die braun-weiße oder schwarz-weiße Wolle ist

Jakobschafe beeindru-cken mit ihrem imposan-ten Gehörn, das sie dum-merweise manchmal sogar beim Fressen stört.

sehr gut spinnfähig. Unverwechselbar ist das imposante Gehörn, rassetypisch aber auch das Gesicht mit weißer, breiter Blesse und einer dunklen Nase. Die Beine sind unbewollt und weiß oder gefleckt.

„Diese Schafe, die das ganze Jahr draußen umherstreifen ohne in den Nächten unter einem Dach zu ruhen, werden ein paar mal im Jahr zusammengesammelt", beobachtete Carl von Linné, Naturwissenschaftler und Begründer der modernen botanischen und zoologischen Taxonomie, auf seiner Reise durch Gotland im Jahr 1741. Er wird sie gut gekannt haben, die Gotlandschafe, denn immerhin handelte es sich um „Landsleute", die genau wie Linné aus Schweden stammen. Was der Forscher da beobachtet hat, waren wohl die gehörnten Gotlandschafe, auf Schwedisch als Gutefåret, im Deutschen als **Gute-Schaf** bezeichnet (Gute von Gotländer). Es ist im Übrigen eines der wenigen Schafe, das offiziell zu Ehren kam, denn das Wappen Gotlands wird von einem Gutefåret geziert.

Die bei Hobbyzüchtern beliebten **Gotlandschafe** (Gotlandsfår) dagegen haben zwar gleiche Ursprünge wie ihre guten Vorfahren, sind aber vorrangig wegen ihrer Wolle und ihrer Pelze beliebt. Die Lämmer werden schwarz geboren, doch mit zunehmendem Alter verfärbt sich das Haarkleid über alle Grauschattierungen von dunkelblaugrau bis dunkelbraun. Weiße Zeichnungen kommen nur manchmal an Kopf und Beinen vor. Hörner hat das temperamentvolle Tier hingegen keine, dafür aber Wolle – und davon nicht zu wenig. Vor allem die seidenartige Wolle der Lämmer ist beliebt, denn sie hat einen entscheidenden Vorteil: Sie kratzt nicht. Ein Rollkragenpullover aus Gotlandschafswolle würde darum zweifelsfrei auch von sensiblen Schafen getragen.

Zwar mit weniger Fell als sein Bruder, das Gotlandschaf, dafür aber Gotlands offizielles Wappentier: das Gute-Schaf.

Eine der kleinsten Hausschafrassen der Welt stammt aus Frankreich, genauer gesagt der Bretagne. Das **Ouessant-Schaf** wird nur etwa 20 Kilogramm schwer und hat eine Schulterhöhe von 50 Zentimetern. Zwar hat es für seine geringe Größe relativ viel Wolle, eine wirtschaftliche Bedeutung ist ihm im Reich der Schafe dennoch nicht vergönnt. Wie das Soay-Schaf hat es eine Insel als Heimat, nämlich die Ile d'Ouessant, die zum Département Finistière gehört. In dieser rauen und kargen Umgebung hatte sich die anspruchslose Rasse hervorragend akklimatisiert, wäre aber dennoch um die Mitte des letzten Jahrhunderts fast ausgestorben, hätten sich nicht Liebhaber – vor allem auf dem bretonischen Festland und in den Niederlanden – gefunden, die die Rasse ohne Einkreuzungen weiter züchteten. 1977 gab es immerhin wieder knapp 500 reinrassige Ushants, wie die Rasse auch genannt wird, 2006 waren fast 10 000 Tiere in den Herdbüchern registriert.

Größer in der Statur, dafür aber ähnlich gefährdet war (und ist) das **Rouge de Roussillon**. Es war eine dramatische Rettungsaktion: 1979 befand sich die wohl letzte größere Herde schon auf dem Weg ins Schlachthaus von Perpignan. Erst in letzter Minute gelang es engagierten Tierschützern, unter anderem unterstützt vom Tiergarten Nürnberg, die Herde aufzukaufen und so nicht nur die Schafe, sondern die ganze Rasse vor dem sicheren Untergang zu bewahren. Dabei spielten die zur Gruppe der Fuchsschafe gehörenden Tiere in ihrem Herkunftsgebiet, den Pyrenäen, einmal eine äußerst wichtige Rolle. Genau wie die Merinos in Spanien waren es Wanderschafe, die

Ouessants gehören zu den kleinsten Schafrassen der Welt.

von ihren Besitzern aus den Ebenen des Languedoc und des Roussillon in die höher gelegenen Regionen getrieben wurden. Ihre Wolle war hoch geschätzt, die Tiere waren robust, genügsam, anpassungsfähig an die hohen Temperaturschwankungen zwischen Sommer und Winter und boten ihren Besitzern nicht nur Wolle, sondern auch Fleisch und Milch, aus der übrigens ein hervorragender Weichkäse zubereitet werden kann.

Typisch für das Bentheimer ist der weiße Kopf mit den dunklen Abzeichen um die Augen.

Wenn eine Rasse zum Haustier des Jahres ausgerufen wird, dann ist es um ihre Arterhaltung meist schlecht bestellt. 2005 traf es das **Bentheimer Landschaf**. Lag der Gesamtbestand im Jahr 1940 bei noch etwa 15 000 Tieren, war er Anfang der 1980er-Jahre bis auf etwa 600 Exemplare rigoros zurückgegangen. Dabei sind diese Tiere nicht

Außer den Heid- und Moorschnucken gibt es noch mehr Rassen, die für die Landschaftspflege in Heidegebieten bestens angepasst sind. Das Bentheimer Landschaf gehört zweifelsfrei dazu.

nur anspruchslos, sondern auch unter Naturschutzgesichtspunkten ein Renner. Als klassisches Moor- und Heideschaf eignet sich die Rasse auch für die Haltung auf feuchteren Böden, und die gibt es in der Grafschaft Bentheim im Weser-Ems-Gebiet zuhauf. Für die Pflege von Moor- und Heideflächen ist das Bentheimer bestens geeignet. Ein Renner ist die Rasse aber auch, wenn es um die Laufleistung geht. Zehn Kilometer pro Tag können die Tiere mühelos zurücklegen und sind damit für die Wanderschäferei geradezu ideal. Erkennen kann man sie am hornlosen Kopf, dem schwarzen Ring um die Augen und den schwarzen Spitzen an den Ohren. Wenn dazu am anderen Ende des Schafes ein langer bewollter Schwanz hängt, dürfte es sich um ein Bentheimer handeln. Bei dem klassischen Zweinutzungsschaf gilt die Fleischqualität als gut, die Wolle ist reinweiß. Ursprünglich sind die Bentheimer Landschafe aus Kreuzungen Deutscher Landschafe mit niederländischen Schafböcken aus der benachbarten Provinz Drenthe entstanden. Wo gefährdeten Nutztierrassen heute aufgrund eines Engpasses der Blutlinien das Aus droht, greift man gern zu Einkreuzungen anderer ausländischer Rassen: Und so tragen heute etwa zehn Prozent des Bentheimer-Bestandes französische Gene der Rasse Causses du Lot.

Zwar nicht unmittelbar vom Aussterben bedroht, in seiner Existenz aber dennoch stark gefährdet ist das **Coburger Fuchsschaf**. Rötlich-braune Schafe gab es nicht nur in Coburg, sondern in allen Land-schlägen schon seit geraumer Zeit. Verbreitet waren sie vor allem in den deutschen und französischen Mittelgebirgen wie Eifel, Huns-rück, Westerwald, Vogesen und Ardennen. 1930 aber gab es so gut wie keine der hübschen Coburger mehr. Dass die Rasse heute noch zu finden ist, hat sie einem Mann aus dem Fichtelgebirge namens Otto Stritzel zu verdanken. Stritzel, Tuchfabrikant von Beruf, wollte sich für seine eigene Produktion einen Schafbestand aufbauen. Seine ersten Zucht- und Haltungsversuche mit den damals populären Kul-

Die schöne, wenn auch etwas grobe Wolle der Coburger Rotfüchse eig-net sich hervorragend zum Weben und Filzen.

turrassen scheiterten allerdings kläglich, was auch daran gelegen haben mag, dass in den 1940er-Jahren das Gras für Schafe nicht eben üppig wuchs. Hartes Klima, karge Futterrationen, hörte er von einheimischen Bauern, da seien die widerstandsfähigen, an raue Bedingungen gewöhnten Füchse genau das Richtige. Angeregt von den Erzählungen suchte sich Stritzel alle noch verfügbaren Füchse im Schafspelz zusammen und begann mit knapp 30 Tieren eine Zucht. Und so ist die Wolle der Goldfüchse, deren Vlies einen fuchsroten, bei älteren Tieren fast schon goldenen Schimmer hat, heute wieder sehr beliebt: Denn sie lässt sich bestens verspinnen, stricken und auch filzen. Die Lämmer werden rotbraun geboren und behalten ihre Farbe etwa ein Jahr, werden dann fortschreitend rötlich-weiß, nur der hornlose Kopf mit den langen Ohren und die Läufe bleiben fuchsrot. Vielleicht hätten sich Jason und seine Argonauten auf der Suche nach dem Goldenen Vlies nicht auf die mühevolle und gefährliche Seereise nach Kolchis begeben sollen – eine Kutschfahrt in die deutschen Mittelgebirge hätte sicherlich ebenfalls zum Erfolg geführt.

Dass das Schaf die Kuh des kleinen Mannes ist, dafür ist das **Rauwollige Pommersche Landschaf** der beste Beweis. Rügen und die angrenzenden Inseln waren seit jeher das Zentrum dieser mischwolligen Landschafrasse, man findet sie jedoch in ganz Pommern, in Mecklenburg ebenso wie in Teilen Polens bis Russland. Wegen ihrer Genügsamkeit und Robustheit können sie auch auf kargen Böden leben. Nur selten wurden sie in größeren Herden gehalten, Fleisch, Wolle und Dünger wurden vorrangig für den Eigenbedarf genutzt.

Dabei kam den Haltern zugute, dass sich die Tiere einfach tüdern und pferchen ließen. Verdrängt wurde das Rauwollige Pommersche Landschaf dennoch von den vermeintlich edleren Rassen, auch Einkreuzungen mit englischen Fleischrassen gab es, die aber zu keinem wirklichen Erfolg führten, denn unter strengen Umweltbedingungen kommen hochgezüchtete und auf Ertrag getrimmte Tiere nun einmal nicht besonders gut zurecht. Wenn aber Not herrscht, erinnert man sich gern an die Nutztiere, die auch aus einem kargen Futterangebot noch Wolle und Fleisch machen, und an Not war die Zeit nach dem Zweiten Weltkrieg nicht arm. Bis in die 1950er-Jahre war der Bestand wieder auf über 100 000 Tiere gewachsen, doch die Konzentration auf leistungsstarke Nutztierrassen war für die Rauwolligen dann bald schon wieder existenzbedrohend. Heute wird der kleine Bestand vorrangig in der Landschaftspflege und von Hobbyzüchtern eingesetzt.

Sein umgängliches Wesen, seine Genügsamkeit und seine Robustheit zeichnen das Pommernschaf aus.

Es gibt wohl nur wenige Schafe, die dadurch auf sich aufmerksam gemacht haben, dass sich Bauern, Landräte, ja sogar Rechtsanwälte mit ihnen befassten. Eines der bekanntesten ist Rhönhilde. Dabei ist Rhönhilde gar kein echtes Schaf, sondern entstammt der Feder des Zeichners Alexander Ziegler, der die Comic-Figur für ein Unternehmen im Fränkischen entwickelte, das mit T-Shirts, Kaffeetassen, Mousepads und Aufklebern den Boom mit schaf-affinen Artikeln

Schwarzer Kopf und weiße Beine – das kommt selbst in der Schafwelt höchst selten vor.

nutzen wollte. Als Vorlage diente dem Zeichner eine leibhaftige Rhönhilde vom Schlage des **Rhönschafs**, das sich vor allem dadurch auszeichnet, dass Kopf und Beine verschieden gefärbt sind – und das kommt in der Schafwelt nicht allzu häufig vor. Der hornlose Kopf ist braun oder schwarz, die Läufe hingegen immer weiß. Und hier entzündete sich der Streit, denn das Schaf auf dem Papier hat unverschämterweise schwarze Beine. Ein Schafbauer ärgerte sich über diesen Fehler dermaßen, dass er den Vertrieb der schwarzbeinigen Produkte mit anwaltlicher Hilfe untersagen wollte. Sogar der Landrat schaltete sich ein, für das Unternehmen hätte das Einstampfen der fertigen Schafartikel das Aus bedeutet, geradeso, wie es schon vielen Schafrassen ergangen ist. Aber wie die Franken nun einmal sind, sie streiten sich – und versöhnen sich auch wieder: Nachdem der Urheber dem Schaf weiße Beine mit schwarzen Söckchen spendiert hatte, waren alle Beteiligten zufrieden. Marketingtechnisch war die Sache gerettet, und sie brachte zumindest dem Rhönschaf eine Publicity, welche die gefährdete Landschafrasse gut gebrauchen konnte. Dabei hatte diese schon unter Napoleon beinahe Karriere gemacht. Als der französische Feldherr 1813 bei einem Gefecht in der Rhön seine Feldherrenqualitäten unter Beweis stellte, soll er vom Geschmack des lokalen Schaffleischs so begeistert gewesen sein, dass er den sofortigen Import nach Paris anordnete. Dort war die Rasse schnell unter dem Namen „Mouton de la Reine" bekannt und beliebt.

Die auffallend schönen Hörner der Skudden finden sich nur beim männlichen Tier.

Zur Gruppe der kurzschwänzigen nordischen Heideschafe gehören die **Skudden**, und damit sind sie recht eng verwandt mit den Heidschnucken. Über den Ursprung des Namens gibt es verschiedene Theorien: Die litauische Stadt Skuodas könnte als Namensgeber ebenso hergehalten haben wie der typische Lockruf masurischer Schafhüter, die mit einem beherzten „skud skud skud" ihre Schäflein zusammenhalten. „Skudde" bedeutet im Ostpreußischen aber auch ärmlich oder dürftig. Ebenso viele Theorien gibt es über den

Die Weiße Gehörnte Heidschnucke ist nur eine der Heidschnucken- arten. Die unbehornte Variante ist auch als Moorschnucke bekannt.

Ursprung der kleinen Schafe mit den kleinen Ohren und dem großen Kopf, die bei den Böcken von gewundenen Hörnern geschmückt sind. Manche halten die Skudden für die Schafe, die die Wikinger mitbrachten, andere wiederum sehen in ihnen Nachfahren der jung- steinzeitlichen Torfschafe. Nur das ursprüngliche Verbreitungsgebiet ist gesichert: Ostpreußen und das Baltikum sind die Heimat der Skudden. Das genügsame, ganzjährig im Freien haltbare Schaf galt in den 1950er-Jahren schon als so gut wie ausgestorben, wäre da nicht eine kleine Zuchtherde im Münchner Tierpark Hellabrunn gewesen, die das Überleben der Rasse gewährleistete. Die Tiere sind sehr vital und springfreudig, dabei aber gleichzeitig robust, anspruchslos und standorttreu, was sie für die Koppel oder Standweidehaltung in der Landschaftspflege besonders geeignet macht. Ihr Verhalten ähnelt denen der Wildschafe sehr.

„Schnuckelig" wäre ein passendes Attribut für die Rassengruppe der **Schnucken,** von denen die bekannteste wohl die Heidschnucke ist. Als **Weiße** und **Graue Gehörnte Heidschnucke** sind die Tiere in der Lüneburger und anderen Heidegebieten unterwegs. In ihrem Aussehen sind die Schnucken keineswegs einheitlich. Es gibt sie in Weiß oder Grau, mit Hörnern oder ohne, wobei sowohl Böcke als auch Auen Hörner haben können. Allen gemeinsam aber ist, dass kaum eine andere Schafrasse so an den Lebensraum ihrer Umgebung

Die Graue Gehörnte Heidschnucke (oben) ist bestens an das Leben in der Heide angepasst. Im englischen Dartmoor treiben offensichtlich außer dem Hund der Baskervilles auch Moorschnucken (unten) ihr Unwesen.

angepasst ist. Das trifft besonders auf die Weiße Hornlose Heidschnucke zu, denn ohne die Landschaftspflege der auch als Moorschnucken bezeichneten Tiere wären die Hochmoore, Magerwiesen
und Feuchtgebiete in Nord- und Mitteldeutschland in ihrer biologi-
schen und ökologischen Vielfalt in weiten Teilen gefährdet. Dass sich
Schnucken für diese Aufgabe bestens eignen, liegt vor allem an ihrer
Genügsamkeit. Sie sind mit dem doch recht kargen Futterangebot an
Heidekräutern und Moorgräsern zufrieden, dabei verhindern sie
gleichzeitig den großflächigen Aufwuchs von Nadelgehölzen. Als
Fleischrasse hingegen kann man sie kaum bezeichnen, denn sie haben
nur eine geringe Schlachtausbeute, was allerdings durch die Zartheit
und den Wildgeschmack ihres Fleisches mehr als wettgemacht wird.

Dank der Bemühungen engagierter Initiativen hat sich der Bestand an Waldschafen – hier ein schwarzes Muttertier mit Zwillingen – zwar etwas erholt, wird aber immer noch als bedenklich gering eingestuft.

Wald-, Stein- und **Bergschafe** haben einen gemeinsamen Vorfahren, das Zaupelschaf, das als ausgestorben gilt, im Mittelalter aber bis 1600 der einzige mitteleuropäische Wolllieferant war. Von Merino und englischen Fleischschafrassen verdrängt, zogen sich die Nachkommen der Zaupel in die klimatisch raueren Regionen vom Bayerischen Wald bis nach Südosteuropa zurück. Dabei ließ sich die Wolle des **Waldschafs** für handgesponnene Textilien bestens nutzen, was mit dem Aufkommen industriell hergestellter Textilien jedoch schnell an wirtschaftlichem Marktwert verlor. Die wetterharten und kaum krankheitsanfälligen Waldschafe sind heute nur noch in kleinen Populationen vorrangig in Bayern und Österreich zu finden.

Gleiches gilt für die **Steinschafe**, die es in verschiedenen Unterrassen gibt: Als Alpines, Bayerisches, Krainer, Montafoner oder Tiroler Steinschaf sind sie in den Alpenregionen Süddeutschlands und Österreichs zu finden. Für Kleinbauern in extremen geografischen Lagen

Eng verwandt mit den Waldschafen sind die Steinschafe (oben und unten), die es in unterschiedlichen regionaltypischen Varianten gibt, die teilweise in ihrer Existenz bedroht sind.

Durch seine Steig- und Trittsicherheit ist das Bergschaf besonders alptüchtig.

Auch die Kärtner Brillenschafe sind in den Alpen beheimatet. Ihr auffälliger, ramsnasiger Kopf mit den schwarzen Pigmentierungen macht sie unverwechselbar.

war diese Dreinutzungsrasse mit ihrer Anspruchslosigkeit und hohen Fruchtbarkeit von besonderem Wert. Und das nicht erst seit vorgestern: Durch DNA-Untersuchungen fand man heraus, dass Ötzi, der Mann aus dem Eis, schon Kontakt mit Steinschafen hatte. Die Alpinen Steinschafe machten auch auf sich aufmerksam, weil sie zur gefährdeten Nutztierrasse des Jahres 2009 gewählt wurden.

Wer im Hochgebirge lebt, weiß, dass man ohne Trittsicherheit schnell einen Abflug in die niederen Regionen macht. **Bergschafe** vereinen diese Eigenschaft mit den Kriterien Robustheit und Wetterfestigkeit. Bergschafe, die sich an ihrem unbehornten, ramsnasigen Kopf, den hängenden Ohren, dem breiten Rumpf und langen Rücken identifizieren lassen, sind zudem sehr fruchtbar. Aber nicht nur süddeutsches und Tiroler Blut fließt in ihren Adern. Man geht davon aus, dass im späten 18. Jahrhundert auch italienische Linien, allen voran das Bergamasker Schaf, bei den Bergschafen mitmischten. Auch wenn als Zuchtziel der Bergschafe weiße Wolle verankert war, kamen doch immer auch braune und dunkle Tiere vor. In den Bergen nimmt man es eben nicht so genau – Wolle ist Wolle und für den Hausgebrauch spielt die Farbe keine so entscheidende Rolle.

In Südosteuropa, vornehmlich in Ungarn, ist das **Zackelschaf** beheimatet. Und das schon recht lange, denn man geht davon aus, dass es auf die finno-uigurischen Magyaren zurückgeht, die seit 500 n. Chr. durch die Steppen zwischen Wolga und Ural zogen und im Zuge ihrer Landnahme bis nach Mitteleuropa in die Ungarische Tiefebene vorstießen, wo sie sich schließlich niederließen. Von ihren Raub- und Feldzügen, die sie bis nach Frankreich führten, brachten sie nicht nur Wein, sondern eben auch Vieh wie Pferd, Rind und Schaf mit. Letztere machten es sich in der Puszta gemütlich, denn nachdem die Magyaren vom Nomadentum genug hatten und zu sesshaften Ackerbauern geworden waren, züchteten sie das unempfindliche Zackelschaf, das bis heute relativ unbeeinflusst von Fremdeinkreuzungen als älteste indogermanische Schafrasse gilt. Dass es mit den mitteleuropäischen Schafrassen nicht zu vergleichen ist, kann man in den ungarischen Nationalparks feststellen, wo mittlerweile wieder größere Bestände leben. Zackelschafe sind unter normalen Verhältnissen nicht leicht zu halten, weil ihnen ein natürlicher Fluchtinstinkt innewohnt. An ihren imposanten V-förmigen Hörnern in Form einer gewundenen Schraube kann man sie leicht erkennen.

Wer solche Schafe züchtet, muss eine kriegerische Vergangenheit haben: Das Zackelschaft geht auf die Magyaren zurück.

Schafe Down Under und anderswo

„Wo man Blöken hört, da sind auch Schafe im Lande."

So ein altes deutsches Sprichwort. Geblökt aber wird nicht nur in Europa, sondern weltweit. Also stellen wir die Erde auf den Kopf und schauen uns an, wie es auf der anderen Seite des Globus aussieht: Denn was die Schafzucht und -haltung angeht, sind Australien und Neuseeland schon qua Masse führend. Als klein wird dort eine Herde ab 5000 Tieren bezeichnet, 15 000 Tiere sind guter Durchschnitt. Es gibt viele nur mäßig fruchtbare Böden in Australien, die aber für die genügsamen Schafe immer noch geeignet sind. Auch die stark schwankenden Temperaturverhältnisse machen den Tieren nur wenig aus. 1797 schon kamen die ersten Schafe nach Australien, eingeführt wurden sie von dem Pionier John MacArthur, der neben Schafen auch Rinder, Pferde und Weinreben züchtete. Dreiviertel aller australischen Schafe sind auch heute noch Merinos oder Nachkommen von Einkreuzungen. Und bei einem Gesamtbestand von über 100 Millionen Schafen auf dem gesamten Kontinent nimmt es nicht Wunder, dass Australien fast die Hälfte der Wollproduktion der Erde abdeckt.

4 Millionen Neuseeländer, 35 Millionen Schafe. Wäre George Orwell Neuseeländer gewesen, hätten auf seiner *Animal Farm* wohl nicht die Schweine, sondern die Schafe die Revolution angezettelt. Im Gegensatz zum großen Nachbarn Australien gibt es hier aber

Afrika und Asien sind die Kontinente der Fettschwanzschafe. Die Schafe wie hier in Burundi fressen dabei genauso gern frisches Grün wie ihre europäischen Artgenossen.

etwa 10 Millionen Hektar bestes Weideland, dessen saftiges Grün sich die Schafe allerdings mit den Rindern teilen müssen.

Der weltweit schafstärkste Kontinent ist Asien. 378 Millionen Tiere sollen es sein, die hier grasen und äsen. Führend ist die Mongolei, wo etwa 4000 Schafe auf je 1000

Im Nahen Osten, wie hier in Israel, ist Schafhaltung noch integraler Bestandteil der Landwirtschaft.

Einwohner kommen. Aber – wie könnte es anders sein – China holt auf. Große Herden mit bis zu 10 000 Tieren sind dort keine Seltenheit. 170 Millionen Schafe blöken auf Chinesisch. Die asiatischen, ebenso wie die afrikanischen Schafe sind mit ihren europäischen Artgenossen zwar verwandt, aber aufgrund der gänzlich anderen klimatischen und topografischen Gegebenheiten haben sich in diesen Gebieten im Survival of the Fittest die Fettschwanz- und die Fettsteißschafe durchgesetzt, von denen die bekannteste Rasse noch das Karakulschaf sein dürfte. Mit ihrer rauen Wolle sind sie für fein gesponnenen Tweed eher nicht zu gebrauchen, aber der wird in Afrika und den Tropengebieten auch nicht so häufig getragen. Dafür haben sie generell eine gute Milchleistung und können – was ihnen das Überleben in trockenen und heißen Regionen einfacher macht – in ihrem Schwanz, ähnlich einem Kamel, große Mengen an Fettreserven speichern. Man hat sie in unseren Breitengraden selten gesehen, aber tatsächlich machen Fettschwanzschafe 25 Prozent des weltweiten Schafbestandes aus. Eine der wenigen afrikanischen Rassen, die auch in Europa heimisch geworden sind, ist das Kamerunschaf.

Wildschafe

oder Die Mufflons und ihre Verwandten

Man muss es so sagen: Bei den Wildschafen herrschen unklare Verhältnisse. Das liegt aber nicht am Schaf, sondern am Menschen. Gab es bezüglich der Zuordnung zu Arten und Unterarten sowie der Benennung derselben schon lange unterschiedliche Auffassungen, so ist mit den Forschungsergebnissen der letzten Jahrzehnte alles noch einmal neu in Bewegung geraten. Da die Details solcher Auseinandersetzungen zur Taxonomie für Nicht-Wissenschaftler nicht wirklich spannend sind, betrachten wir hier ungeachtet solcher Klassifikationsprobleme die sechs Wildschaftypen, die gemeinhin unterschieden werden: Mufflon, Urial, Argali, Schnee-, Dall- und Dickhornschaf.

Rechts ein ungestümes junges Dickhornschaf. Auf der gegenüberliegenden Seite ein Dallschaf, das Weiße unter den Wilden.

Zunächst jedoch einige generelle Worte zu Kennzeichen und Verhalten der wilden Schafe. Beobachten lassen sich Wildschafe heute im westlichen, mittleren und nordöstlichen Asien, im Westen Nordamerikas und Teilen Europas – wobei in letzterem Lebensraum die tatsächliche „Wildheit" umstritten ist, doch dazu mehr im Zusammenhang mit den Mufflons. Wildschafe bevorzugen trockene und steinige, meist bergige Regionen, wofür ihre Hufe bestens ausgebildet sind.

Im Gegensatz zu den meisten Hausschafen haben sie kleine, steife Ohren. Ihr zumeist braunes bis rötliches Fell ist von einem glatten Haarkleid geprägt, Wollhaare werden je nach Klima stärker als Unterfell im Winter ausgebildet. Anders als das Fell stößt das Wildschaf sein Gehörn nie ab. Die Widder tragen gewöhnlich beeindruckende schneckenartig geformte Hörner, während die Hörner der Auen deutlich kleiner und meist nur einfach gebogen sind oder ganz fehlen.

Wildschafe wechseln ihr Haarkleid, wie hier unzweifelhaft zu sehen ist.

Gesellig sind vor allem die Auen, die sich mit ihren Lämmern zu größeren Rudeln zusammenfinden, die bei ausreichender Nahrung eher standorttreu bleiben. Böcke leben einzelgängerisch oder in Junggesellenverbänden.

Die reinen Vegetarier suchen sich ihre Nahrung vorwiegend tagsüber. Sie fressen vor allem Gräser und Krautpflanzen, sind jedoch auch in dieser Hinsicht genügsam und fähig, sich an das unterschiedliche Angebot in den verschiedenen Lebensräumen anzupassen.

Nach der Brunft im Herbst kommen im Frühjahr meist ein bis zwei Lämmer zur Welt, die trotz Frühreife noch längere Zeit eng mit der Mutter verbunden bleiben.

So sieht ein Widder aus, der sich geärgert hat.

Mufflon

Jägern sind sie ein Begriff als Muffelwild, doch auch jeder andere halbwegs an Tieren interessierte Zeitgenosse kennt sie zumindest dem Namen nach, die beeindruckend fremd und dabei doch zugleich vertraut wirkenden Wildtiere. In einheimischen Gefilden wie der Lüneburger Heide kann man Mufflons live und in freier Wildbahn bewundern. Allerdings kamen sie nicht freiwillig in dieses Gebiet, sie wurden „eingebürgert".

Und so sehen sie aus: Die Mufflons sind die kleinsten Wildschafe – mit im Verhältnis zum restlichen Körper langen Beinen. Sie haben eine Schulterhöhe von 65 und 80 Zentimetern und werden 30 bis 50 Kilogramm schwer. Je nach Unterart variiert die Fellfarbe von hell- bis dunkel- beziehungsweise rötlichbraun. Das Haar wird im Frühjahr und Herbst gewechselt, wobei der Herbsthaarwechsel eher unauffällig verläuft. Die Widder haben einen hellen Sattelfleck und eine kurze Mähne an Hals und Brust. Die Hörner wachsen bogenförmig nach hinten, weisen Schmuckwülste und Jahresringe auf und können eine Länge von bis zu 80 Zentimetern erreichen; der Querschnitt ist im Vergleich zu den weiter östlich lebenden Verwandten eher rundlich. Die Auen haben je nach Unterart kürzere oder gar keine Hörner.

Die ursprüngliche Heimat der Mufflons ist Asien. Von hier breiteten sie sich Richtung Europa aus, wo sie nach paläontologischen Erkenntnissen jedoch bereits im Jungpleistozän wieder ausstarben –

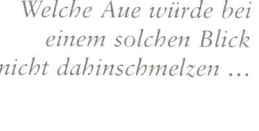

Welche Aue würde bei einem solchen Blick nicht dahinschmelzen …

für die folgende Zeit finden sich westlich von Vorderasien keine entsprechenden Funde mehr. Heute reicht ihr Verbreitungsgebiet vom östlichen Mittelmeerraum bis in den nordwestlichen Iran – und zur Freude der Europäer lebt eine Unterart, der Europäische Mufflon, auch auf Sardinien und Korsika sowie, von hier ausgewildert, in vielen Regionen Europas und auch Deutschlands.

Die Tatsache, dass sich auf Korsika und Sardinien bereits seit der Jungsteinzeit, ab etwa 6000 v. Chr., Mufflons nachweisen lassen, hat für viel Diskussionsstoff gesorgt. Inzwischen ist man sich in Forscherkreisen zumindest in einer Hinsicht weitgehend einig: Die Europäischen Mufflons sind nicht, wie ursprünglich angenommen, von alters her auf den beiden Mittelmeerinseln heimisch. Es handelt sich bei den Tieren nicht etwa um Rest- oder Rückzugspopulationen, sondern – wie auch bei den Hausschafen – um Importe aus Asien. Umstritten ist noch, auf welchem Weg sie kamen und wie wild sie eigentlich sind.

... und welcher Widder könnte bei diesem Augenaufschlag wid(d)erstehen!

Ein skurriles Bild: Mufflons treten auf steinzeitlichen Schilfbooten eine lange Seereise an. Manches spricht dafür, dass es sich tatsächlich so zutrug, als die Jungsteinzeitmenschen begannen, von Vorderasien aus das Mittelmeer in Richtung Westen zu erkunden. Ebenso gut können die Schafe jedoch auch auf dem Landweg entlang der nördlichen Mittelmeerküste oder mit einer vergleichsweise kurzen Bootstour vom nahen Nordafrika aus nach Sardinien und Sizilien gelangt sein.

Wie auch immer sie kamen, eines Tages waren sie da, und das vermutlich nicht nur auf den beiden Inseln, doch auf dem europäischen Festland hatten sie wegen des Großraubwildes keine Überlebenschancen. Bedeutsam ist nun die Frage, ob es sich um bereits domestizierte oder wilde Tiere handelte und, damit verbunden, ob die Mufflons, die noch heute in den strauchigen Gebirgslandschaften

Mit etwas Glück begegnet man Mufflons in Europa auch in freier Wildbahn.

von Zypern und Korsika leben, Wildtiere oder schlicht verwilderte Hausschafe sind. Letzteres würde auch die mit ungeheurem Aufwand betriebenen Beobachtungen der in Europa ausgewilderten Mufflons in einem ganz anderen Licht erscheinen lassen: Ihre Aussagekraft bezüglich der Verhaltensformen von Wildschafen wäre mehr als infrage gestellt.

Doch nach aktuellem Erkenntnisstand zeigen die Mufflons weder anatomisch noch vom Verhalten her die typischen Domestikationsmerkmale, was darauf schließen lässt, dass, sollten anfangs solche Merkmale vorhanden gewesen sein, diese sich beim wilden Leben auf den Inseln vollständig zurückgebildet haben. Schon das jahrtausendelange Überleben im unwegsamen Gebirge und die extreme Scheuheit der Tiere machen es unwahrscheinlich, dass es sich um verwilderte Hausschafe im eigentlichen Sinn handelt.

Insofern sind auch die auf dem europäischen Festland ausgewilderten Mufflons als Wildtiere anzusehen. Bereits im ausgehenden Mittelalter wurden die Mufflons – allerdings in Gehegehaltung – in Mähren und Österreich eingeführt. Die erste wirkliche Einbürgerungsphase in Europa setzte um 1871 ein. Der Schwerpunkt lag auf

Die Widder sind um einiges größer und mächtiger als die Auen.

Hier schön zu sehen: der typische Sattelfleck beim Widder

Österreich-Ungarn, doch auch in den italienischen Apenninen und am Schweizer Fluhberg wurden Mufflons angesiedelt. Ab dem Ersten Weltkrieg wurden sie dann verstärkt auch in deutsche Wildbahnen eingeführt. Den Anfang machte Graf Seidlitz-Sandreczki, der 1902 im Eulengebirge (Schlesien) Europäische Mufflons auswilderte. Heute gibt es in Deutschland immerhin etwa 18 000 Mufflons, mehr finden sich nur in Tschechien. Insgesamt lebt der Mufflon inzwischen in mehr als 27 europäischen Staaten und wurde selbst in den USA ausgewildert. Auf Korsika finden sich nur noch 800, auf Sardinien etwa 2000 Exemplare. Ausgewildert wurden sie vorwiegend in Wälder oberhalb von 500 Metern und in Naturschutzgebiete wie die Lüneburger Heide. Motiv dafür war neben dem Interesse an den wilden Schafen besonders ihre Beliebtheit als Jagdwild.

Der Raum, in dem sich ein Mufflonrudel bewegt, ist gekennzeichnet durch Äsungsflächen sowie Schlaf- und Ruheplätze, die nur im Sommer im Schatten liegen und sonst wahre Sonnenplätzchen sind. Mufflons sind sehr standorttreu, sie schätzen einen tradierten Aktionsraum und nehmen auch häufig dieselben Wanderrouten zwischen Sommer- und Winterquartier, sodass sie sich an den von ihnen selbst hinterlassenen Wechseln orientieren können, was auch mehr Sicherheit vor Fressfeinden verschafft.

Diese bemerken sie mit ihrem herausragenden Sehvermögen und einem Gesichtsfeld von 300 Grad in der Regel schon von Weitem.

Das tun sie mit einem durchdringenden Zischlaut kund, der die Artgenossen ebenso warnt wie die potenziellen Angreifer. Meist unterstreichen sie diese Warnung noch mit einem Aufstampfen der Vorderbeine, bevor sie die Flucht ergreifen. Dabei handelt es sich nicht um eine blinde Flucht, vielmehr halten die Tiere zwischendurch inne, um den Feind zu beobachten und den Fluchtweg zu optimieren. Nähert man sich einer Herde Mufflons, kann man häufig beobachten, dass sie minutenlang wie angewurzelt stehen bleiben, um die Lage einzuschätzen, bevor sie losrennen. Haben sie jedoch einen potenziellen Feind – zum Beispiel einen Menschen – einmal bemerkt, werden sie sich nicht wieder beruhigen.

Die geselligen Tiere leben in Rudeln, die in Größe und Zusammensetzung sehr variabel sind. Schon innerhalb einer Woche können die Mitglieder so gut wie komplett ausgetauscht sein. Auen leben mit ihren Lämmern in Familienherden von mehreren Dutzend Tieren. Zu sagen hat immer das älteste Tier, das Leittier; Kämpfe um die Rangordnung finden zumeist in jungem Alter und eher spielerisch statt.

Ganz anders in den Widderherden: Fast täglich kommt es zu Rivalenkämpfen, die in der Brunftzeit ihren Höhepunkt finden. Bis auf diese

In Deutschland wurden Mufflons häufig in Wälder oberhalb von 500 Metern ausgewildert.

Kämpfe und das damit verbundene Aneinanderschlagen der Schecken geht es hier jedoch deutlich ruhiger zu als in den umtriebigen Familienverbänden. Und dies auch in akustischer Hinsicht: Die Widder sind außerhalb der Brunftzeit, in der sie blädernd den Weibchen folgen, eher stumme Zeitgenossen. Insbesondere in den größeren Rudeln aus Weibchen und Lämmern ist das langgezogene Meckern oder Bähen hingegen häufig zu hören, denn auf diese Weise bleiben die Auen mit ihren Lämmern stets in Kontakt.

Bei den Widderclans ist die Fluktuation noch größer als bei den Familienverbänden. Im Winter kann es auch zu großen gemischten Rudeln kommen. Ältere Widder sind oft allein oder zu zweit unterwegs. Die jungen Böcke bilden innerhalb der Familiengruppen oft eigene Grüppchen, bevor sie sich dann den Widderclans anschließen.

Die meisten kleinen Mufflons sind Einzelkinder.

Die weiblichen Tiere sind bereits nach eineinhalb Jahren geschlechtsreif, bei den Jungs dauert es ein Jahr länger.

In der Brunftzeit im Herbst liefern sich die Böcke beeindruckende Rivalenkämpfe: Mit gesenktem Kopf rasen sie aufeinander zu und rammen sich frontal, wobei sie mit den Hörnern krachend zusammenprallen. Meist bleiben jedoch alle Beteiligten unverletzt. Die Brunftzeit umfasst bei den Mufflons eine relativ lange Zeitspanne im Spätherbst, da es keine Brunftsynchronisation gibt.

Die Tragzeit beträgt fünfeinhalb Monate, sodass die Lämmer im Frühjahr auf die Welt kommen. In Einzelfällen kommt es zu einem zweiten Setzen im Herbst. Etwa zehn Tage vor dem Ablammen verlassen die Auen das Rudel und suchen sich einen abgelegenen und nahrungsreichen Setzplatz. Schon eine Stunde nach der Geburt können die frühreifen Lämmer herumlaufen.

Die Mutter-Kind-Prägung verläuft früh und intensiv, und zwar vor allem über den Geruch – mit Lecken und Säugen – und über das Prägemeckern. Etwa vier Tage nach der Geburt kehren Aue und Lamm zum Rudel zurück. Mit gut zwei Wochen äsen die Lämmer bereits, doch sie bleiben noch lange in der Nähe der Mutter, die sie bis zu etwa einem halben Jahr säugt. Im Unterschied zu anderen Wildtieren kümmern sich die Auen immer nur um das eigene Lamm, wehren fremde Lämmer bei Annäherung sogar rüde ab – ausschlaggebend ist hier die enge Mutter-Kind-Bindung. Untereinander spielen die Lämmer mit Hingabe, vollführen jede Menge Lauf-, Spring- und „Kopfstoßspiele". Außerdem lieben sie jede Form der Erhebung, um ihre Welt von oben zu betrachten. Bis zu etwa dreizehn Jahre Lebenszeit haben sie zu erwarten, wobei dieses Alter die wenigsten Mufflons erreichen.

Urial

Im westlichen Zentralasien, zwischen Kaspischem Meer und Tibetischem Hochland, sind die Uriale zuhause. Eine größere Population lebt im Bereich von Usbekistan, Tadschikistan, Nordiran, Afghanistan, Pakistan sowie Nordindien und eine kleinere auf dem Gebiet von südwestlichem Iran und der angrenzenden Arabischen Halbinsel. Im Nordiran können sich Urial und Mufflon begegnen.

Die Steppenschafe bevorzugen einen trockenen und steinigen Lebensraum wie die niederschlagsarmen Bergsteppenregionen in ihrem Verbreitungsgebiet. Auch wenn sie Berge schätzen, meiden sie anders als zum Beispiel die Dickhornschafe in den Bergregionen der USA extrem felsige oder steile Berghänge. Das Leben in recht zugänglichen Gebieten macht diese Wildschafe leider auch zu einer eher leicht zu erlegenden Beute. Dabei setzen ihnen weiniger ihre natürlichen Feinde wie Leoparden, Wölfe und Karakals zu als vielmehr der menschliche Jäger. Immerhin schätzt man den Bestand der Uriale noch auf etwa 40 000 Exemplare, doch die Weltnaturschutzunion stuft ihn als „verletzlich" ein. Bleibt zu hoffen, dass den Urialen das Aufrücken in die Kategorie „bedroht" erspart bleibt. Neben menschlicher Einsicht könnten ihnen dabei ihre hohe Aufmerksamkeit und ihr wie bei anderen Wildschafen hervorragend ausgebildeter Sehsinn helfen.

Das auffälligste Merkmal der Uriale, deren bräunliches Fell im Sommer deutlich heller und kürzer ist, ist die üppige weiße Halsmähne, die die Widder besonders fotogen macht. Mit um die 95 Zentimeter Schulterhöhe und 70 Kilogramm Gewicht sind sie auch deutlich

Gegenüberliegende Seite: Nur die Widder tragen die lange weiße Mähne.

mächtigere Tiere als die Auen. Ihr kreisförmig nach hinten und außen gebogenes Gehörn misst „ausgerollt" bis zu stolzen 90 Zentimetern.

Als Futter dient den tagaktiven Tieren, die gern eine Mittagspause im Schatten einlegen, vor allem das Steppengras, sie fressen aber auch Krautpflanzen sowie Blätter, Zweige und Früchte von Büschen. Uriale können ein Alter von etwa elf Jahren erreichen.

Argali

Das Argali beeindruckt schon durch seine Größe: Die Widder erreichen eine Schulterhöhe von bis zu 125 Zentimetern und können bis 190 Kilogramm schwer werden. Kein Wunder also, dass die Tiere auch Riesenwildschafe genannt werden. Dazu passen die imposanten Hörner, bei den Widdern beeindruckende schraubenartige Gebilde, die 190 Zentimeter messen können. Bis zu zwei Spiralen drehen sie, bevor sie nach außen weisen. Der Schädel eines Argali wiegt mit Hörnern 20 Kilogramm. Bei den Auen, die auch bei den Argalis leichter und kleiner sind, zeigen die deutlich kürzeren Hörner ohne Drehung leicht nach hinten.

Das Gehörn wird vor allem bei Rivalenkämpfen eingesetzt, kommt jedoch auch bei der Abwehr von Feinden zum Einsatz. Der größte – zumindest der erfolgreichste – Feind der Wildschafe ist der Wolf, darüber hinaus erlegen auch Schneeleopard, Vielfraß, Luchs und Braunbär Argalis. Auf der Flucht erreichen die Riesenwildschafe trotz ihres enormen Gewichts eine Geschwindigkeit von 60 Stunden-

Die Riesenwildschafe sind hervorragende Läufer.

kilometern. Darüber hinaus sind sie, angepasst an ihren Lebensraum, hervorragende Kletterer und Springer.

Erstmals wissenschaftlich beschrieben wurden die Argalis vom Tübinger Botaniker Johann Georg Gmelin, der sie 1752/53 im Altai gesehen hatte und ihnen auch ihren Namen gab.

Das Fell der Tiere ist bräunlich, wobei sich im Sommer die rötlichen Töne verstärken. Bauch und Steiß sind weißlich, und bei zwei Unterarten finden sich auch auf dem Rücken weiße Zeichnungen. Vor allem jedoch ist das Fell dicht und lang, denn die Argalis leben in unwirtlichen Gegenden. Man findet sie in den zentralasiatischen Gebirgsketten, vom Altai über die Mongolei, Tibet und das Tianshan-Gebiet bis ins Pamirgebirge. Vorwiegend im Hochgebirge anzutreffen, grenzt ihr Areal in nordöstlicher Richtung an das der Uriale; in Ladakh überschneiden sich die Verbreitungsgebiete der beiden Wildschafe.

Im Augen-Blick eines Dallschafs spiegelt sich sein noch wildes Temperament wider.

Dallschafe gibt es gleich in zwei Farbvarianten.

Pro Tag verzehren die Riesen unter den Wildschafen 16 Kilo Seggen, Gräser, Kräuter und Blätter – da gibt es viel zu suchen! Nach einer Tragzeit von etwa 160 Tagen kommt meist ein Lamm zur Welt, doch auch Zwillingsgeburten sind nicht selten.

Argalis bevorzugen alpine Wiesen und Geröllfelder, in bewaldete Regionen ziehen sie sich nur dort zurück, wo ihre Population durch Viehhaltung und Jagd bedroht sind. Gejagt werden sie vor allem wegen der eindrucksvollen Trophäen – das Fleisch wird gegessen und die Haut zu Leder verarbeitet. In vielen Gebieten sind die Argalis bereits ausgerottet, man findet sie vor allem noch in Tadschikistan, Kirgistan und Teilen der Mongolei. Die Unterarten sind verschieden stark gefährdet.

Dickhorn-, Dall- und Schneeschaf

Schneeschafe leben in Nord- und Nordostsibirien sowie auf der Halbinsel Kamtschatka, die ihnen nah verwandten Dall- oder Dünnhornschafe, zuweilen auch Alaska-Schneeschafe genannt, haben ihr Verbreitungsgebiet auf der anderen Seite der Beringstraße, in Alaska und im westlichen Kanada. Beide wirken eher gedrungen – sie tragen

Man scheint sich zu verstehen auf Dallisch …

einen kräftigen Körper auf kurzen Beinen. Bei einer Schulterhöhe um einen Meter erreichen sie ein Gewicht von bis zu 120 Kilogramm. Eine Halsmähne fehlt ihnen. Die Hörner haben einen Seitenkiel und sind im Vergleich zu den Dickhornschafen schlank – daher die Bezeichnung Dünnhornschaf. Die Schneeschafe bewohnen unwegsames Gelände wie küstennahe Felsformationen und hochgelegene Gebirgsregionen. Ihr Fell ist graubraun, im Winter wird es wolliger und heller.

Auch die Dall-Schafe leben in alpinen Hochgebirgslandschaften mit schroffen Hängen und Klippen, auf denen sie sich mit schlafwandlerischer Sicherheit bewegen. Sie treten als einzige Wildschafe in zwei ganz unterschiedlichen Farbgebungen auf: In Alaska und im nördlichen Yukon sind sie weiß, im südlichen Yukon und in British Columbia leben die dunklen Steinschafe.

Südlich der Dall-Schafe leben die Dickhornschafe; ihr Lebensraum erstreckt sich vom südwestlichen Kanada über den Westen der USA bis nach Nordmexiko. Dabei bewohnen sie zwei Lebensräume, die

Dickhornschafe leben im verschneiten Hochgebirge (oben in den Rocky Mountains in Kanada) ebenso wie in trockenen Wüsten (unten in der Sonora-Wüste)

unterschiedlicher kaum sein könnten, nämlich Hochgebirge und ebene Wüste. Man findet sie sowohl in den hohen Gebirgszügen der Rocky Mountains als auch in den heißen Wüsten Kaliforniens.

Ihre Größe entspricht in etwa der ihrer nahen Verwandten Dall- und Schneeschaf, wobei die Tiere in der Wüste kleiner bleiben als die Gebirgsbewohner. Wesentliche Merkmale dieser Wildschafe sind, wie sich schon im Namen andeutet, die massiven und dicken Hörner der Widder, die stark gedreht sind. Das Fell ist bräunlich, im Winter wird es bei den weiter nördlich beheimateten Unterarten graubraun. Die Dickhornschafe sind nicht nur hervorragende Kletterer, sondern anders als die Mufflons auch gute Schwimmer. Um Weidegründe, Ruheplätze und Salzleckstellen zu erreichen, folgen die Herden über Generationen hinweg tradierten Routen.

Im 19. Jahrhundert durch die Jagd stark dezimiert, besteht heute ein strenges Jagdverbot. Dennoch wird der Bestand als gefährdet eingeschätzt, wobei insbesondere die Infektion mit den Krankheiten der Hausschafe immer wieder zur Verminderung von Populationen führt.

In Eile: Bighorns im Anza-Borrego Desert State Park in Kalifornien

Abbildungsnachweis

© bigstockphoto: S. 88 (Hazel Proudlove), 115 u. (Dale Mitchell)

© DIGITALstock/M. Würz: S. 112

© FAO/Giulio Napolitano: S. 120

© Fotolia: S. 6, 7, 9, 10, 12, 13 o. r., 13 u., 15, 18 (2), 19, 26, 30, 31, 38, 42 u. l.,
44 u., 45 o., 46, 47 (3), 50/51, 54 (2), 56 u., 57 u., 58, 60, 61, 63, 64, 65, 67 u.,
68, 70, 72, 73, 76, 77 (2), 78 o., 79, 80 r., 81 l., 86, 87 (2), 91, 96, 106, 109,
111, 115 o., 121, 126, 127, 128, 129, 130, 131, 140 o.

© Fotonatur.de/Tanja Askani: S. 107

© Uwe Hagemann, www.ouessant-vardeilsen.de: S. 103 (2)

© iStockphoto: S. 13 o. l., 20, 22/23, 24 (2), 25, 27 (2), 29, 32, 33, 34, 35 (2), 37, 39,
41, 42 o., 42 u. r., 43, 44 o., 45 u., 48, 49, 52, 53, 56 o., 57 u., 59, 62, 66, 67 o.,
69, 71, 75, 78 u., 80 l., 81 r., 83, 84/85, 89, 90 (2), 92, 93, 98, 99, 100, 101, 102,
104, 105 (2), 122, 123, 124, 125, 132, 137, 138 (3), 139, 140 M., 140 u., 141,
142/143, Vor- und Nachsatz

© Kjäer, ArGe Waldschaf: S. 116

© Eduard Noe, www.alpines-steinschaf.de: S. 16, 117 (2)

© Okapia: S. 135

© pantherMedia: S. 108 (Petra K.), 113 o. (Kerstin S.), 114 (Thorsten H.),
118 u. (Meseritsch H.), 119 (Michael W.)

© pixelio: S. 95 (Bernd Boscolo), 113 u. (Eddy)

© Zoonar/Alexander Rochau: S. 118 o.